U0111993

大展好書　好書大展

品嘗好書　冠群可期

大展好書　好書大展
品嘗好書·　冠群可期

休閒娛樂
13

熱帶魚養殖技法

占家智 主編

大展
出版社有限公司

國家圖書館出版品預行編目資料

熱帶魚養殖技法 ╱ 占家智　主編
——初版，——臺北市，大展，2010〔民99.02〕
面；21公分 ——（休閒娛樂；13）
ISBN　978－957－468－729－9（平裝）

1.養魚

438.667　　　　　　　　　　　　　　　98023094

熱帶魚養殖技法

主　　編╱占家智
責任編輯╱劉三珊
發 行 人╱蔡森明
出 版 者╱大展出版社有限公司
社　　址╱台北市北投區（石牌）致遠一路2段12巷1號
電　　話╱（02）28236031‧28236033‧28233123
傳　　眞╱（02）28272069
郵政劃撥╱01669551
網　　址╱www.dah–jaan.com.tw
E - mail╱service@dah–jaan.com.tw
登 記 證╱局版臺業字第2171號
承 印 者╱傳興印刷有限公司
裝　　訂╱建鑫裝訂有限公司
排 版 者╱弘益電腦排版有限公司
授 權 者╱安徽科學技術出版社
初版1刷╱2010年（民99年）2月
　　　　　　　　　　　　　　　定　價╱350元

217. 大帆滿天星 ⋯⋯ 232
218. 黃帶雙鬚鯰 ⋯⋯ 232
斧頭鯊科 ⋯⋯⋯⋯⋯ 233
219. 斧頭鯊 ⋯⋯⋯⋯ 233
棘甲鮎科 ⋯⋯⋯⋯⋯ 234
220. 棘甲鯰 ⋯⋯⋯⋯ 234
221. 貓嘴鯰 ⋯⋯⋯⋯ 235
222. 長鬚雙鰭鯰 ⋯⋯ 236
223. 弓背鯰 ⋯⋯⋯⋯ 236
花鮎科 ⋯⋯⋯⋯⋯⋯ 237
224. 豹斑脂鯰 ⋯⋯⋯ 237

脂鯉目 ⋯⋯⋯⋯⋯ 238
**擬鯉目（脂鯉科、加拉
辛科）** ⋯⋯⋯⋯⋯⋯ 238
225. 霓虹燈魚 ⋯⋯⋯ 238
226. 黑蓮燈魚 ⋯⋯⋯ 239
227. 紅裙魚 ⋯⋯⋯⋯ 240
228. 檸檬燈魚 ⋯⋯⋯ 241
229. 新大鈎扯旗魚 ⋯ 242
230. 紅扯旗魚 ⋯⋯⋯ 243
231. 紅　旗 ⋯⋯⋯ 244
232. 黑線燈魚 ⋯⋯⋯ 245
233. 紅眼黃金燈 ⋯⋯ 246
234. 紅印魚 ⋯⋯⋯⋯ 246
235. 頭尾燈魚 ⋯⋯⋯ 247
236. 紅線光管魚 ⋯⋯ 248
237. 紅燈管 ⋯⋯⋯⋯ 249
238. 黑十字魚 ⋯⋯⋯ 250

239. 紅十字魚 ⋯⋯⋯ 251
240. 黃金燈魚 ⋯⋯⋯ 252
241. 紅鼻剪刀魚 ⋯⋯ 253
242. 銀屏魚 ⋯⋯⋯⋯ 254
243. 鑽石燈 ⋯⋯⋯⋯ 255
244. 拐棍魚 ⋯⋯⋯⋯ 255
245. 黑裙魚 ⋯⋯⋯⋯ 257
246. 紅翅魚 ⋯⋯⋯⋯ 258
247. 火兔燈 ⋯⋯⋯⋯ 259
248. 焰尾燈 ⋯⋯⋯⋯ 259
249. 長石斧魚 ⋯⋯⋯ 260
250. 玻璃扯旗魚 ⋯⋯ 261
251. 紅尾玻璃魚 ⋯⋯ 262
252. 剛果扯旗魚 ⋯⋯ 263
253. 黑旗魚 ⋯⋯⋯⋯ 264
254. 紅衣夢幻旗 ⋯⋯ 265
255. 新紅蓮燈魚 ⋯⋯ 265
256. 日光燈魚 ⋯⋯⋯ 266
257. 食人鯧 ⋯⋯⋯⋯ 267
258. 紅食人鯧 ⋯⋯⋯ 268
259. 銀板魚 ⋯⋯⋯⋯ 269
260. 紅銀板 ⋯⋯⋯⋯ 270
261. 黑脂鯧 ⋯⋯⋯⋯ 271
262. 七彩霓虹魚 ⋯⋯ 272
263. 盲　魚 ⋯⋯⋯⋯ 272
264. 銀裙魚 ⋯⋯⋯⋯ 273
265. 銀圓魚 ⋯⋯⋯⋯ 274
266. 濺水魚 ⋯⋯⋯⋯ 275
大鱗脂鯉科 ⋯⋯⋯⋯ 276

267. 金鉛筆魚 ……… 276
268. 紅鰭鉛筆魚 …… 276
269. 紅肚鉛筆 ……… 277
上口脂鯉科 ……… 278
270. 大鉛筆魚 ……… 278
271. 帶紋魚 ………… 279
胸斧魚科 ………… 280
272. 陰陽燕子魚 …… 280
273. 銀燕魚 ………… 281
無齒脂鯉科 ……… 282
274. 網球魚 ………… 282
275. 短鼻六間條紋魚
……… 283
276. 褐色小丑魚 …… 284

鯉形目 …………… 284
鯉　科 …………… 284
277. 銀　鯊 ………… 284
278. 泰國鯽 ………… 285
279. 安哥拉鯽 ……… 286
280. T 字鯽魚 ……… 287
281. 花丑鯽魚 ……… 288
282. 七星金條魚 …… 289
283. 虎皮魚 ………… 290
284. 三間小丑燈 …… 291
285. 飛狐鯽魚 ……… 292
286. 黑　鯊 ………… 293
287. 淡水白鯊 ……… 293
288. 彩虹鯊 ………… 295

289. 紅尾黑鯊 ……… 295
290. 棋盤鯽魚 ……… 296
291. 櫻桃鯽 ………… 297
292. 玫瑰鯽魚 ……… 298
293. 金條魚 ………… 299
294. 五線鯽魚 ……… 300
295. 黑斑鯽魚 ……… 301
296. 斑馬鯽魚 ……… 302
297. 雙點鯽魚 ……… 303
298. 金絲魚 ………… 303
299. 斑馬魚 ………… 305
300. 珍珠斑馬魚 …… 306
301. 豹紋斑馬魚 …… 306
302. 閃電斑馬魚 …… 307
303. 藍帶斑馬 ……… 308
304. 藍三角魚 ……… 309
305. 金線鯽魚 ……… 310
306. 新一點燈 ……… 311
307. 大點鯽魚 ……… 312
308. 剪刀魚 ………… 313
309. 胭脂魚 ………… 313
雙孔魚科 ………… 315
310. 食藻魚 ………… 315
鰍科 …………… 316
311. 蛇仔魚 ………… 316
312. 皇冠泥鰍 ……… 316
313. 藍鼠魚 ………… 317
314. 黃間花鯊 ……… 318
315. 棘　鰍 ………… 319

前　　言

　　熱帶魚，顧名思義，它的故鄉在熱帶，在眾多的
品種中，南美洲的亞馬遜河流域所產的熱帶魚最負盛
名，它們的種類多、形體美、姿態雅、易生存，歷來
被認爲是全球熱帶魚的「倉庫」。這些熱帶魚也被稱
爲是觀賞魚中的「動的寶石、活的精靈」，它們以動
人的靈氣、靈活的游姿、絢麗的色彩、迷人的情趣而
讓人愛不釋手。

　　隨著人們美學認識的不斷加深，這些讓人喜愛的
色彩斑斕的熱帶魚，已不僅僅是少數飼養愛好者的專
利寵物，也不單單是美化家庭的裝飾品，而是作爲藝
術品爲越來越多的人接受。在櫥櫃案几的水族箱內，
水草青青蕩碧波、小橋流水鴨兒戲、魚波閃閃在穿
梭，給人留下了多少美的享受，美的情調！

　　爲了讓廣大熱帶魚愛好者更方便簡潔地瞭解熱帶
魚、飼養熱帶魚、熱愛熱帶魚，我們編寫了這本《熱
帶魚養殖技法》。本書共分五章，第一至第三章是熱
帶魚的養殖部分，簡明扼要地介紹熱帶魚的家庭養殖
技術及一些人們關心的常識；第四章重點介紹目前在

我國廣爲養殖的近四百種熱帶魚，每種魚都配備了清晰的圖片，方便讀者朋友按圖索驥；第五章是介紹熱帶魚的造景，由優美的畫面、幽默的語言、睿智的哲理帶領大家欣賞熱帶魚的美、品味自然的生態美！

　　本書的特點是少講理論，多介紹實用技巧，內容豐富，圖文並茂，實用價值和欣賞價值俱佳。

　　由於我們的水平及技術力量有限，書中如有偏頗之處，敬請讀者朋友指正爲感！

編　者

目　　錄

第一章　　熱帶魚的基礎知識 ……………… 15

一、概　述 ………………………………… 15

二、影響熱帶魚生長的因素 ……………… 16

三、熱帶魚的觀賞 ………………………… 17

第二章　　熱帶魚的家庭養殖 ……………… 19

第一節　熱帶魚的選購 ……………………… 19

一、養殖用水 ……………………………… 19

二、觀賞魚的挑選 ………………………… 19

三、熱帶魚的裝運 ………………………… 21

四、熱帶魚的放養 ………………………… 21

第二節　熱帶魚水族箱的選擇 ……………… 22

一、熱帶魚水族箱的款式 ………………… 22

二、熱帶魚水族箱的選擇 ………………… 23

三、熱帶魚水族箱的放置 ………………… 25

第三節　熱帶魚水族箱的設施 ……………… 26

一、過濾設施 ……………………………… 26

二、溫控設施 ……………………………… 29

三、充氧設施 ……………………………… 30

四、照明設施 ……………………………… 30

五、其他的附屬設施 ……………………… 31

第四節　熱帶魚水族箱的清洗 ……………… 34
一、淡水熱帶魚水族箱的清洗 …………… 34
二、海水熱帶魚水族箱的清洗 …………… 35

第五節　熱帶魚的護理 ……………………… 37
一、經常檢查水體 ………………………… 37
二、及時添施肥料和飼料 ………………… 37
三、調節水質 ……………………………… 38
四、控制光照 ……………………………… 39
五、調節水溫 ……………………………… 39
六、熱帶魚的健康檢查 …………………… 39

第三章　熱帶魚的病害與防治 ………… 41
一、熱帶魚生病的原因 …………………… 41
二、目檢判斷熱帶魚生病 ………………… 42
三、常見觀賞魚病的診斷及治療 ………… 43

第四章　常見熱帶魚的養殖技術 …… 47
一、淡水熱帶觀賞魚 ……………………… 47

鱂形目 ……………… 47
花鱂科 ……………… 47
1. 孔雀魚 …………… 47
2. 紅眼白子草尾 …… 49
3. 藍草尾 …………… 49
4. 佛朗明哥白子 …… 50
5. 噴點黃尾禮服 …… 51
6. 紅尾禮服 ………… 52

7. 劍尾魚 …………… 52
8. 日光劍 …………… 54
9. 美杜沙雙劍 ……… 54
10. 紅　劍 ………… 55
11. 斑劍尾魚 ……… 56
12. 珠帆瑪麗魚 …… 57
13. 高鰭瑪麗魚 …… 58
14. 瑪麗魚 ………… 59

15. 銀瑪麗 ·············· 59
16. 金瑪麗魚 ··········· 60
17. 紅瑪麗 ·············· 61
18. 黑瑪麗 ·············· 62
19. 紅茶壺 ·············· 63
20. 金茶壺 ·············· 64
21. 黑茶壺 ·············· 64
22. 大帆金鴛鴦 ········· 65
23. 紅尾金月魚 ········· 66
24. 三色魚 ·············· 67
25. 月　魚 ·············· 68
26. 蚊　魚 ·············· 69
鱂科 ··················· 70
27. 黃金鱂 ·············· 70
28. 潛水艇 ·············· 70
29. 紅尾圓鱂 ··········· 71
30. 臺灣青鱂 ··········· 72
31. 日本青鱂 ··········· 73
32. 女王鱂 ·············· 73
33. 閃電青鱂 ··········· 74
溪鱂科 ················· 75
34. 愛琴魚 ·············· 75
35. 羅氏琴尾魚 ········· 76
36. 藍色三叉尾魚 ······ 77
37. 豎琴尾魚 ··········· 78
38. 條紋琴龍魚 ········· 79
頷針魚科 ·············· 80
39. 針嘴魚 ·············· 80
40. 皮頷鱵魚 ··········· 81

銀漢魚目 ·············· 82
黑紋魚科
（虹銀漢魚科）········ 82
41. 澳洲彩虹魚 ········· 82
42. 紅蘋果美人 ········· 83
43. 石美人 ·············· 84
44. 藍美人 ·············· 85
45. 電光美人 ··········· 85
46. 紅美人 ·············· 86

鱸形目 ················· 87
鬥魚科 ················· 87
47. 暹羅鬥魚 ··········· 87
48. 印尼鬥魚 ··········· 88
49. 中國鬥魚 ··········· 89
50. 三斑鬥魚 ··········· 90
51. 梳尾魚 ·············· 91
52. 珍珠馬甲魚 ········· 92
53. 藍星魚 ·············· 93
54. 蛇紋馬甲魚 ········· 94
55. 銀馬甲魚 ··········· 95
56. 迷你馬甲魚 ········· 96
57. 三星曼龍魚 ········· 97
58. 發聲馬甲魚 ········· 98
59. 青萬龍 ·············· 99
格鬥魚科 ·············· 100
60. 麗麗魚 ·············· 100
61. 電光麗麗 ··········· 101
62. 紅麗麗魚 ··········· 102

63. 厚唇麗麗魚 ‧‧‧‧‧‧ 102

64. 珍珠小麗麗 ‧‧‧‧‧‧ 103

65. 黃金麗麗 ‧‧‧‧‧‧‧‧‧ 104

66. 厚唇攀鱸 ‧‧‧‧‧‧‧‧‧ 105

沼口魚科 ‧‧‧‧‧‧‧‧‧‧‧‧‧ 106

67. 接吻魚 ‧‧‧‧‧‧‧‧‧‧‧ 106

絲足魚科 ‧‧‧‧‧‧‧‧‧‧‧‧‧ 107

68. 飛船魚 ‧‧‧‧‧‧‧‧‧‧‧ 107

攀鱸科 ‧‧‧‧‧‧‧‧‧‧‧‧‧‧ 108

69. 斑點鱸 ‧‧‧‧‧‧‧‧‧‧‧ 108

70. 安氏鱸 ‧‧‧‧‧‧‧‧‧‧‧ 109

慈鯛科 ‧‧‧‧‧‧‧‧‧‧‧‧‧‧ 109

71. 火口魚 ‧‧‧‧‧‧‧‧‧‧‧ 109

72. 玫瑰鯛 ‧‧‧‧‧‧‧‧‧‧‧ 110

73. 金波羅魚 ‧‧‧‧‧‧‧‧‧ 111

74. 黑波羅 ‧‧‧‧‧‧‧‧‧‧‧ 112

75. 九間波羅 ‧‧‧‧‧‧‧‧‧ 113

76. 彩色白獅頭 ‧‧‧‧‧‧ 114

77. 花酋長 ‧‧‧‧‧‧‧‧‧‧‧ 115

78. 畫眉魚 ‧‧‧‧‧‧‧‧‧‧‧ 116

79. 紅魔鬼 ‧‧‧‧‧‧‧‧‧‧‧ 116

80. 紫紅火口魚 ‧‧‧‧‧‧ 117

81. 珍珠火口 ‧‧‧‧‧‧‧‧‧ 118

82. 德州豹 ‧‧‧‧‧‧‧‧‧‧‧ 119

83. 金錢豹 ‧‧‧‧‧‧‧‧‧‧‧ 120

84. 藍火口魚 ‧‧‧‧‧‧‧‧‧ 121

85. 血鸚鵡 ‧‧‧‧‧‧‧‧‧‧‧ 122

86. 眼斑鯛 ‧‧‧‧‧‧‧‧‧‧‧ 123

87. 孔雀龍魚 ‧‧‧‧‧‧‧‧‧ 124

88. 橘子魚 ‧‧‧‧‧‧‧‧‧‧‧ 124

89. 馬鞍翅魚 ‧‧‧‧‧‧‧‧‧ 125

90. 七彩短鯛 ‧‧‧‧‧‧‧‧‧ 126

91. 藍珍珠可卡西 ‧‧‧ 127

92. 女王短鯛 ‧‧‧‧‧‧‧‧‧ 128

93. 藍　袖 ‧‧‧‧‧‧‧‧‧‧‧ 129

94. 熊貓短鯛 ‧‧‧‧‧‧‧‧‧ 130

95. 七彩鳳凰魚 ‧‧‧‧‧‧ 130

96. 玻利維亞鳳凰 ‧‧‧ 131

97. 棋盤鳳凰 ‧‧‧‧‧‧‧‧‧ 132

98. 酋長短鯛 ‧‧‧‧‧‧‧‧‧ 133

99. 鳳尾短鯛 ‧‧‧‧‧‧‧‧‧ 134

100. 非洲王子魚 ‧‧‧‧‧‧ 135

101. 非洲國王 ‧‧‧‧‧‧‧‧‧ 135

102. 雪　鯛 ‧‧‧‧‧‧‧‧‧‧‧ 136

103. 花　鯛 ‧‧‧‧‧‧‧‧‧‧‧ 137

104. 彩虹鯛 ‧‧‧‧‧‧‧‧‧‧‧ 138

105. 藍帝提燈 ‧‧‧‧‧‧‧‧‧ 138

106. 神仙魚 ‧‧‧‧‧‧‧‧‧‧‧ 139

107. 埃及神仙 ‧‧‧‧‧‧‧‧‧ 140

108. 黑神仙魚 ‧‧‧‧‧‧‧‧‧ 141

109. 大理石神仙 ‧‧‧‧‧‧ 142

110. 五彩神仙魚 ‧‧‧‧‧‧ 143

111. 七彩神仙魚 ‧‧‧‧‧‧ 144

112. 豬仔魚 ‧‧‧‧‧‧‧‧‧‧‧ 145

113. 三角鯛 ‧‧‧‧‧‧‧‧‧‧‧ 146

114. 棋盤鯛 ‧‧‧‧‧‧‧‧‧‧‧ 147

115. 皇冠棋盤鯛 ‧‧‧‧‧‧ 148

116. 西洋棋盤鯛 ‧‧‧‧‧‧ 149

117. 非洲鳳凰 ········· 150

118. 阿里魚 ········· 150

119. 長尾阿里 ········· 151

120. 藍眼白金阿里 ··· 152

121. 藍王子 ········· 153

122. 紫水晶 ········· 154

123. 七彩天使魚 ········· 154

124. 藍天使 ········· 155

125. 太陽神魚 ········· 156

126. 酷斯拉 ········· 157

127. 紫紅六間 ········· 158

128. 皇帝魚 ········· 158

129. 孔雀石鯛 ········· 159

130. 流星鯛 ··········· 160

131. 帝王豔紅魚 ······ 161

132. 維納斯魚 ········· 162

133. 血豔紅魚 ········· 162

134. 馬面魚 ········· 163

135. 紅馬面 ········· 164

136. 白金馬面 ········· 165

137. 閃電王子魚 ······ 166

138. 黃金閃電 ········· 166

139. 黃金七間 ········· 167

140. 紅翅白馬王子 ··· 168

141. 彩色玫瑰 ········· 168

142. 雪中紅 ··········· 169

143. 斑馬雀魚 ········· 170

144. 黃金蝴蝶 ········· 171

145. 七彩仙子 ········· 172

146. 藍茉莉魚 ········· 172

147. 花小丑魚 ········· 173

148. 藍小丑 ········· 174

149. 藍波魚 ········· 175

150. 皇冠六間魚 ······ 176

151. 紅六間 ········· 177

152. 黃線鯛 ········· 177

153. 藍劍鯊魚 ········· 178

154. 藍翼藍珍珠魚 ··· 179

155. 珍珠雀魚 ········· 180

156. 五間半魚 ········· 180

157. 黃天堂鳥魚 ······ 181

158. 藍九間 ········· 182

159. 女王燕尾魚 ······ 183

160. 白金燕尾魚 ········· 184

161. 黃金燕尾魚 ······ 184

162. 非洲十間 ········· 185

163. 紅肚鳳凰魚 ······ 186

164. 藍玉鳳凰 ········· 187

165. 翡翠鳳凰魚 ······ 188

166. 茅利維 ········· 189

167. 藍肚鳳凰魚 ······ 189

168. 紅寶石魚 ········· 190

169. 血紅鑽石 ········· 191

170. 五星上將魚 ········· 192

171. 獅頭魚 ········· 193

172. 藍面蝴蝶魚 ········· 194

173. 珍珠蝴蝶 ········· 194

174. 火狐狸魚 ········· 195

175. 白金蝴蝶 ……… 196
176. 雙星蝴蝶 ……… 197
177. 牛頭鯛 ……… 198
178. 藍寶石魚 ……… 199
179. 和　尚 ……… 200
180. 突頂鯛 ……… 201
181. 紅尾皇冠魚 …… 201
182. 黑鰭鯛 ……… 202
183. 埃及豔后魚 …… 203
南鱸科 ……… 204
184. 枯葉魚 ……… 204
松鯛科 ……… 205
185. 泰國虎魚 ……… 205
186. 泰國細紋虎魚 … 206
射水魚科 ……… 207
187. 高射炮魚 ……… 207
大眼鯧科 ……… 208
188. 金　鯧 ……… 208
189. 銀　鯧 ……… 209
蝦虎魚科 ……… 210
190. 蜜蜂魚 ……… 210

魨形目 ……… 211
魨　科 ……… 211
191. 綠河魨 ……… 211
192. 南美魨 ……… 212

鮎形目 ……… 212
鮎形科 ……… 212

193. 玻璃鮎 ……… 212
美鮎科 ……… 213
194. 黑斑花紋鼠魚 … 213
195. 皇冠鼠魚 ……… 214
196. 虎皮鼠魚 ……… 215
197. 彩色鼠 ……… 216
198. 花鼠魚 ……… 217
199. 白　鼠 ……… 217
200. 熊貓鼠 ……… 218
201. 彎弓鼠魚 ……… 219
202. 網紋鼠魚 ……… 220
203. 咖啡鼠 ……… 220
204. 鐵甲鮎 ……… 221
甲鮎科 ……… 222
205. 琵琶鼠魚 ……… 222
206. 黃金琵琶 ……… 223
207. 大帆皇冠琵琶
　　　鼠 ……… 224
208. 紅尾鮎 ……… 224
209. 鱷身鮎 ……… 225
210. 虎　鮎 ……… 226
211. 耳斑鮎 ……… 227
212. 隆頭鮎 ……… 227
213. 吸石魚 ……… 228
214. 黃金大帆女王琵琶
　　　 ……… 229
歧鬚鮎科 ……… 230
215. 向天鼠魚 ……… 230
216. 仙女鮎 ……… 231

316. 玻璃魚 ·········· 319

鮭形目 ·············· 321
狗魚科 ·············· 321
317. 鑽石火箭 ········ 321

鱝形目 ·············· 322
河魟科（江魟科）··· 322
318. 珍珠魟 ·········· 322
319. 淡水魟 ·········· 323

單鰾肺魚目（澳洲肺魚
目，角齒魚目）······ 323
澳洲肺魚科（角齒魚科）
················· 323
320. 澳洲肺魚 ········ 323

雙鰾肺魚目（南美肺魚目）
················· 324
非洲肺魚科 ·········· 324
321. 非洲肺魚 ········ 324

多鰭魚目 ············ 325
多鰭魚科 ············ 325
322. 金恐龍 ·········· 325
323. 象　鼻 ·········· 326
324. 蘆葦魚 ·········· 327

鱘形目 ·············· 328

鱘科 ················ 328
325. 歐洲鱘 ·········· 328
326. 綠　鱘 ·········· 329
白鱘科 ·············· 330
327. 匙吻鱘 ·········· 330
328. 鴨嘴鱘 ·········· 330
雀鱔目 ·············· 331
雀鱔科 ·············· 331
329. 短嘴鱷　魚火箭
················· 331
330. 長嘴鱷　魚火箭
················· 332

弓鰭魚目 ············ 333
弓鰭魚科 ············ 333
331. 弓鰭魚 ·········· 333
骨舌魚目 ············ 334
骨舌魚科 ············ 334
332. 銀　龍 ·········· 334
333. 黑　龍 ·········· 335
334. 紅尾金龍 ········ 336
335. 過背金龍 ········ 337
336. 青　龍 ·········· 339
337. 澳洲星點龍 ······ 340
338. 紅　龍 ·········· 341
339. 象　魚 ·········· 342
駝背魚科（弓背魚科）
················· 343
340. 弓背魚 ·········· 343

二、熱帶海水觀賞魚 ················ 344

鱸形目 ············· 344

蝴蝶魚科 ············· 344

341. 人字蝶魚 ······ 344

342. 法國蝶 ········· 345

343. 月眉蝶魚 ······ 346

344. 虎皮蝶魚 ······ 347

345. 黃火箭魚 ······ 347

346. 黑白關刀魚 ··· 348

刺蓋魚科(棘蝶魚科、海水神仙魚) ········· 349

347. 藍環神仙魚 ··· 349

348. 大西洋神仙魚 ··· 349

349. 國王神仙 ······ 350

350. 皇后神仙魚 ··· 351

351. 法國神仙魚 ··· 352

352. 半月神仙魚 ··· 352

353. 女王神仙魚 ··· 353

354. 皇帝神仙魚 ··· 354

355. 阿拉伯神仙魚 ··· 354

356. 馬鞍神仙魚 ··· 355

刺尾魚科 ············· 356

357. 黃三角倒吊魚 ··· 356

358. 大帆倒吊魚 ··· 356

359. 天狗倒吊魚 ··· 357

雀鯛科 ············· 358

360. 紅小丑魚 ······ 358

第五章　熱帶魚的造景 ············ 361

彩色圖譜 ············ 369

第一章
熱帶魚的基礎知識

一、概　述

　　觀賞魚是水產養殖業的一個分支，而熱帶魚則是觀賞魚的一個最主要品種，是一種生活在熱帶、亞熱帶地區或對生活水溫要求較高的一類觀賞魚。由於生物的生理條件和適應能力決定了它們的地理分佈，熱帶魚主要分佈在距離赤道較近的南美洲、非洲和亞洲的東南亞地區。出產的熱帶魚主要分佈在中國廣東省和臺灣等地。

　　在目前情況下，人們廣泛養殖的是熱帶淡水魚，其中有些原本是屬於海水魚，或生活於入海口水域的魚類，但是經過人們長期的馴化以後，已經習慣於淡水生活，人們也將其視為淡水熱帶魚，它們大多數必須在水溫達到 20℃以上時才能生存，且喜歡弱酸性的軟水。人工養殖熱帶魚是 20 世紀初才開始的一種飼養業。首先出現在東南亞的馬來西亞、泰國。20 世紀 30 年代初傳入中國，現在各大城市中出現了熱帶魚飼養熱。

　　家庭飼養熱帶魚，配以相宜的器具、盆景、花卉、異石假山，可使環境更加雅淨清新。閒暇時觀玩，久看不

厭，令人賞心悅目，心曠神怡，從而達到淨化心靈，陶冶情操，消除疲勞，有益健康的目的。企業單位、公園、賓館及遊覽場所飼養熱帶魚，還可美化環境，增添樂趣，裝點景色。

二、影響熱帶魚生長的因素

(1)氣　候

包括溫度、光照、濕度、降水量、風、雨等物理因素，而對熱帶魚的生活有直接影響的主要是溫度，熱帶魚是狹溫性魚類，對水溫的要求比較苛刻，對水溫的變化特別敏感，水溫的急劇升降，常會引起熱帶魚的不適應或生病，甚至死亡。因此，在氣候的突然變化或者換水時均應特別注意水溫的變化。

家庭飼養熱帶觀賞魚一般水溫以 $22\sim26℃$、繁殖水溫以 $26\sim30℃$ 為宜。當然不同的魚類適溫範圍也不同。

(2)溶解氧

水中的溶氧過低，熱帶魚就會出現浮頭現象，嚴重缺氧時，就會窒息死亡。魚缸、水族箱內，要保持較高的溶氧量，一是考慮適宜的放養密度，以減少魚類自身的耗氧；二是排汙時換掉部分老水，輸入含氧量高的清潔的新水；三是種植培養適量的水草；四是採用人工增氧。

(3)二氧化碳

水體中二氧化碳的含量偏高，熱帶魚會發生呼吸困難。

(4)酸鹼度

熱帶魚原來出生地的土壤屬紅土壤，微酸性，加之地表、水中腐殖質較多，一般水質為微酸性，所以大多數熱帶魚要求 pH6～7 的水。

(5)硬　度

絕大多數熱帶魚要求在軟水、低硬度或中性的水中生活和繁殖。

(6)食　性

根據熱帶魚對食物的喜好程度可分為植物食性、動物食性和雜食性，小魚蝦、螺肉、陸生昆蟲、黃粉蟲、禽畜肉塊等是熱帶魚愛好者的主要餌料。

三、熱帶魚的觀賞

由於熱帶魚包括了魚類中眾多的科屬品種，加之不斷的自然演化和人工培育篩選，熱帶魚的體形、花色、個性和泳姿，奇異紛繁。有的體形婀娜優美，宛若處子；有的色彩繽紛，應接不暇；有的體紋斑駁，變幻無窮；有的形態怪異，行為神秘；有的喜歡成群結隊；有的喜歡出雙入對；有的生性好鬥。

例如：神仙魚體形俊俏，花色高雅，泳姿曼妙，儀態萬千，真是超凡脫俗，實不愧為天使神仙之美稱。

寶蓮燈魚、珍珠瑪麗、小麗麗等，體表似披珠寶、鑽石般璀璨閃爍。

接吻魚雖無迷人的外表，卻兩魚親吻，獨樹一幟。孔雀魚的花紋色彩千變萬化，美麗無比。

地圖魚能向投食者遊去接食，大神仙魚卻對人為騷擾表示極大的憤懣，別有一番情趣。

有的大型魚還懂得與主人親善。

人們概括熱帶魚的觀賞性有五大特色：

一是體態多種多樣。如七彩神仙體似圓盤，神仙魚呈三角形。

二是鰭形俏麗優美。如泰國鬥魚的鰭形豐滿，狀如火炬。

三是泳姿式樣繁多。如反游貓喜歡仰泳。

四是花色豐富豔麗。如孔雀魚的顏色五彩繽紛。

五是個性不同。如有的魚有護仔習慣。

第二章
熱帶魚的家庭養殖

第一節　熱帶魚的選購

一、養殖用水

飼養觀賞魚的用水一般有 6 種：第一種是地表水，如江河、湖泊等天然水，水中溶氧豐富，有大量的浮游生物作為熱帶魚的餌料，養出的魚色彩比較鮮豔，但有雜質較多、水質極易變質的不足；第二種是地下水，如井水、泉水，這種水的硬度較大，浮游生物不多，溶氧較低，要經過日曬升溫以及曝氣後方可用於養殖熱帶魚；第三種就是自來水，水質比較清潔，含雜質少，細菌和寄生蟲也少，是飼養魚比較理想的水；第四種則是海水，是養殖海水熱帶魚專用的水源，它的來源有兩種，一種是直接取自海洋中的水，另外一種就是人工配製的海水。第五種是去離子水。第六種是磁場處理水。

二、觀賞魚的挑選

在市場上購買熱帶魚時，要耐心地挑選和細緻地觀

察。主要掌握以下幾點：

(1)要選擇良好條件下養殖的熱帶魚

如果養殖熱帶魚的水體渾濁，水中污染物多，養殖容器壁上模糊，熱帶魚大多浮向水面，嘴一張一合地浮頭，說明該處經營者管理不好，養殖條件差，這裏的熱帶魚可能有內傷、體質差，最好不要選擇。

(2)要選擇健康無傷的熱帶魚

健康的熱帶魚具有體色鮮豔，鱗鰭完整，雙眼對稱等特點；仔細觀察魚體，體表無白點、無水黴等污染物；在清澈的水體中，它會一邊找餌料，一邊貼近底石，不離群獨游。將這些熱帶魚再撈到另一個容器中觀察，選出自己所喜歡的個體。

(3)養殖種類的選擇

初養熱帶魚的人最好先選擇耐低溫、食性雜、適應性強、易飼養的種類，如孔雀魚、劍尾魚、黑瑪麗、金絲魚等。選購時，要選擇具有典型的種質形態特徵和特性的個體，要問清楚該種個體的年齡，仔細觀察體質。應選擇同批中個體較大、生命力強、體色鮮豔、體態肥滿健壯、活潑的魚類。

(4)要選擇體形優美的熱帶魚

熱帶魚的體型有很多種，一條上品的熱帶魚應以體形優美、各鰭對稱、鱗片整齊、品種特徵明顯者為佳。同時

該魚要色純而不亂，體態平衡，泳姿如舞蹈。此外，為了增加觀賞性，同一次購買的熱帶魚最好顏色各異，形態有別。

(5)搭配種類

在飼養中，為增加花色品種和水族箱的景觀，充分利用水體的餌料和空間，常混養不同種類、不同花色和體形的魚。首先可以把對水質要求相似、性情溫順、食性和棲息水層互補的魚類混養在一起。其次是搭配比例，主養魚類占多數，搭配魚類占少數。第三是不能讓整日游竄不息的魚類與安詳愛靜的魚類混養在一起。吸盤魚、食藻魚和接吻魚等能攝食水族箱中的殘餌，舔食箱壁上的藻類，具有很好的清潔作用，可以作為混養時的首選物件。

三、熱帶魚的裝運

購來的熱帶魚一般都用塑膠袋帶水裝運，離家較遠，袋中還應充入氧氣。經長途運輸的，可放入紙盒中，要求熱帶魚頭一天不餵食，運輸途中也不要放入水草，防止腐爛，敗壞水質。

四、熱帶魚的放養

裝運來的觀賞魚，不要立即放入魚缸中，應經過「緩苗」處理，保持水溫基本一致。方法是將裝魚的容器（如塑膠袋），連同水和魚一起放在魚缸中靜置 20 分鐘左右，然後再慢慢地將魚倒出來，使之進入魚缸中。一般情況下，直徑約 30 公分的魚缸，可放入體長 3 公分的金魚 2～

3尾，炎熱的夏季可減少至1～2尾。體大的，也可酌情少放。

熱帶魚的放養密度依水族箱的大小和設備條件、魚的種類和規格及養殖者的經驗而定。

例如60公分×35公分×35公分的水族箱可放小型熱帶魚30～40尾，中型魚15尾，大型魚5～7尾；40公分×30公分×30公分的水族箱可放小型熱帶魚魚20尾左右，中型魚6～8尾，大型魚4～5尾；大型海水魚水族箱的放養密度為3～5千克／噸水。

第二節　熱帶魚水族箱的選擇

一、熱帶魚水族箱的款式

水族箱作為一種觀賞魚的養殖載體，它本身也具有極強的觀賞功能，它的觀賞價值直接體現在造型上，不同的造型給人以不同的視覺享受。

按照水族箱的製造材料可分為塑膠水族箱、玻璃水族箱、有機玻璃水族箱、鋼化玻璃水族箱和特殊玻璃水族箱等數種。

根據有無邊框可分為兩類，即無邊框水族箱和有邊框水族箱。

根據水族箱的配備可分為單缸式水族箱、櫃式水族箱和組合式水族箱。

根據各種家庭水族箱的不同造型，可分為長方形、正方形、立柱形、雙櫃門式等。

根據功能可分為養魚盆、小玻璃缸、半開放式水族箱、完全異養型開放式水族箱、自控式水族箱。

　　從水族箱的大小可分為掌上缸、迷你水族箱、家用水族箱、大型水族箱及超大型水族箱等。

　　從水族箱不同的放置方式和放置位置來分，可以分為窗臺式、壁櫥式、壁掛式、案几式、茶几式、吧臺式、電視櫃式等。

　　根據水族箱內所養殖的觀賞魚對生活水體鹽度和所生活的水域要求可分為海水熱帶魚水族箱、淡水熱帶魚水族箱。

二、熱帶魚水族箱的選擇

1. 家庭水族箱的選擇原則

　　① 合理承受的原則：熱帶魚水族箱首先是裝飾品，其次才是消費品，要根據自己的經濟能力來決定。

　　從養殖品種來考慮，收入高的家庭可以優先考慮海水熱帶魚水族箱，而且規格以大一些為好，可達 1.5～1.8 公尺；收入低一點的家庭可以考慮淡水熱帶魚水族箱，規格可以小一點，以 60 公分或 80 公分為宜；愛好水族生物的學生可以在床頭茶几上擺設一款迷你型淡水水族箱或掌上缸。一般情況下，淡水熱帶魚養殖箱應不小於 60 公分×30 公分×30 公分。對初級養殖者來說，海水水族箱最小也要達到 90 公分×38 公分×30 公分。

　　② 個人愛好的原則：根據自己的愛好去選水族箱的款式，比如有的人喜愛直角方型水族箱，有的人可能喜愛圓

形、橢圓形敞口陶瓷魚缸或瓦盆，有的人則喜愛大氣恢弘的水族箱，有的人喜愛案頭小巧一派的掌中缸，有的人喜愛酷似電視型的水族箱，更多的人喜愛大眾化傢俱式的水族箱。

③ 在家居裝飾中整體搭配的原則：水族箱的主要功能是觀賞魚的養殖與觀賞，人們不但要觀賞水族箱內的魚，也欣賞整個家居的擺設，因此購買水族箱一定要與家居裝飾協調統一結合起來。

這就要求選擇水族箱的形狀、大小、顏色及底櫃都要與家居裝飾相結合起來。

④ 技術支援的原則：一定要根據你對熱帶魚知識的瞭解、養殖技術水平的高低來選購水族箱，如果是初級愛好者，技術水平有限，宜選擇小型淡水魚水族箱，可以選擇以養燕魚等為主的水族箱；擁有很長魚齡的鐵杆魚迷，經驗豐富，可以選擇龍魚等具有挑戰性的魚來飼養，也可以選擇海水魚來飼養。

⑤ 服務與品牌原則：購買水族箱一定要選擇知名品牌，有質量保證的產品，要選擇售後服務好的品牌。

2. 熱帶魚水族箱的選擇方法

① 準確確定水族箱的選擇範圍：根據家庭水族箱的選擇原則及自身的資金和技術的實際情況，合理調整水族箱的選擇範圍及個人可以承受的經濟範圍，收入高的可以養殖龍魚等大型觀賞魚，或養殖海水魚，而家庭收入一般的則以養殖精靈活潑的熱帶魚為主，這一點相當重要，因為在熱帶魚愛好者中有一句話很值得思考，「買得起水族

箱，卻養不起熱帶魚」。

②認真選擇水族箱體：目前水族箱體主要流行弧形缸，這種箱體的優點是大氣而且沒有棱角，不易傷害人及家居。另一方面水族箱體的選擇也與養殖的熱帶魚有一定的關係。如果是放在桌子上，則宜養5～8公分的幼魚，選的水族箱體積可適當小些，薄型玻璃質的扁圓形或長方形、六角形均可，長度一般最好不超過60公分。如果是放養大型的熱帶魚，水族箱的體積應該大一點，可採用壓克力水族箱或有機玻璃水族箱，長度可達1.2～1.5公尺，款式以長方形、橢圓形或弧形為宜。

③輔助器材的選擇：在中高檔水族箱的銷售時，幾乎所有的輔助器材均已配套，基本上不用選擇。但家庭自製的水族箱要考慮這些設施的匹配性，主要是加溫的性能要良好，溫度不能失控，也不能漏電；充氣增氧的功率要適當；過濾系統要通暢；照明燈管的功率及款式選擇要合理。

三、熱帶魚水族箱的放置

①安設水族箱的位置不僅要考慮家居格局和裝飾效果，使水族箱既便於觀賞又不妨礙其他傢俱和電器的擺設。

②放置後一定要穩定不搖動，否則會非常危險。

③放在沒有太陽長期直曬的地方，以免影響水溫度及加速藻類生長；儘管使用自然光非常有效，但水族箱受到太陽直射時，不僅容易產生水藻，而且還有可能導致箱內水溫過分升高。

④不要放在風扇底下和門邊，以保證觀賞魚不被影子驚嚇；儘量選擇對魚沒有緊迫感的地點。

第三節　熱帶魚水族箱的設施

一、過濾設施

1.過濾器

在水族箱中設過濾系統有以下功能：促進水流循環，使水溫維持均衡；防止污泥或細沙粒沉積在植物表面；保持水族箱中氣體的交換。

①上部過濾器：即將過濾裝置安裝在水族箱頂部的過濾器，造景時可以充分利用水族箱的空間，而不至於破壞造景的完整性，這種過濾器在用一段時間後，要及時清洗濾材，否則黏附、累積在濾材上的藻類和雜質會阻礙水流的通過，影響過濾效果。

②底部過濾器：是將濾板設置於水族箱底部，在其上覆蓋一層底砂，利用濾板上的砂石作為濾材的過濾方式。底部過濾器過濾面積廣，能保持造景的完整性，不會影響欣賞。

③沉水過濾器：是將過濾裝置整個沉入水中的過濾器。其濾材包括過濾棉、活性炭、陶瓷濾珠等，工作原理是利用抽水馬達將水直接抽入過濾器內，經過濾材過濾後釋入水族箱中。

④外置式過濾器：即將過濾裝置設於水族箱外部的過

濾器，根據所設部位的不同。又有外掛式、圓桶式、溢流式過濾器等。

⑤滴流式過濾器：最大的優點是可保證水中充足穩定的溶氧量，由於過濾器為開放式，水族箱中的水可從上、中、下三個部位進入排水管進而流入過濾槽，以使水流充分分散到生化球的表面，增大過濾效果。

⑥泡沫過濾器：即蛋白質分離器，是海水熱帶魚的專用過濾器材。

2.濾　材

①過濾棉：是使用最普遍的一種濾材，具有良好的滲透性。對水中的懸浮物具有良好的吸附能力，並能蘊藏大量的耗氧生化菌，為了不影響過濾效果，使用到一定程度需要更換。

②活性炭：最大特點是能吸附水中的活性物質，可作為中層鋪設的濾材。

③生化球：是用高級浸水無毒塑膠經過人工加工成的網孔結構的生物過濾球，適合用於滴流式過濾器中，由於其孔徑較大，對水不產生阻力，因而永遠不必清洗。

④陶瓷環：是一種人工生產的濾材，呈管狀形態，具微孔，適宜作為中層鋪設材料，特點是可以改變水流方向，使水體分流，適合用於沉水過濾器、圓桶式外部過濾器、上部過濾器等過濾系統。

⑤塑膠絲：是一類合成材料，適宜作為中層鋪設材料，它的特點是疏水性能好。

⑥離子交換樹脂：是利用離子交換的方式，吸附水中

的鈣鎂離子，從而達到降低水中過高的硬度軟化水質的目的。

3. 各類底砂

砂石作為理想的底床材質，在水族箱中同時兼具美觀和調節水質的功能，此外還可固著水草根部，為有益微生物提供附著。在較大的水族箱中，一般選3～4毫米的底砂，一公尺以下的水族箱中大多用2～3毫米規格的底砂。

① 溪砂：質地堅硬，呈弱酸性，適用於軟水性水質中飼養的魚種，如河川產的慈鯛、小型燈魚等，更適宜於作水草底砂。

② 砂子：砂子鋪堆在水族箱底部，可固定各種裝飾物、珊瑚和栽種各種水草。在使用前，應洗乾淨，浸泡24小時，以防有害物隨同進入水族箱。

③ 麥飯石：砂表面佈滿了細小的孔洞結構，無光澤，既可過濾水質又可吸附硝化細菌，使用前要用清水沖洗以免造成水族箱中水質混濁。

④ 沸石：是一種物理性濾材，表面粗糙且密佈細小孔洞，這種結構既有利於過濾水中雜質也可吸附硝化細菌，同時可快速去除水中氨離子，適宜厭氧菌及其他生化菌附著生長。

⑤ 斧劈石：色青灰或黑灰色，可鑿成高矮起伏的奇峰，放在大型水族箱中，更顯得雄偉壯觀。

⑥ 水晶石：透明或乳白色，晶瑩透亮，體壁奇特，造型美觀，適宜於中小型水族箱置景。

⑦ 砂積石：易附生藻類，在石壁洞穴間還可栽種水

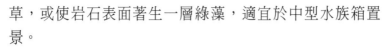

草，或使岩石表面著生一層綠藻，適宜於中型水族箱置景。

⑧ 湖石：俗稱太湖石，水族箱中置景須選擇小型奇特的個體。

⑨ 卵石：色澤有紅、紫、黑、白、黃、灰等，圖案奇特，卵石既可置景，又是某些熱帶魚類的產卵巢。

⑩ 英石：水族箱置景多選擇個體小巧、形狀奇特的石塊。

⑪ 鐘乳石：造型奇特，藻類易於附著，可人工鑿景穿洞，適宜於喜弱鹼性水質的觀賞魚。

⑫ 珊瑚：為珊瑚或貝殼碎片，具持續釋放碳酸鈣的特性，顆粒大小不等，使用時要反覆清洗浸泡，因含鹼性較重，影響水質的 pH 值。適宜於飼養喜弱鹼性水質的魚的水族箱置景。

⑬ 天然寶石：色彩豐富、光彩動人，適宜於作底砂，可映襯得造景更加完美。天然寶石化學性能穩定，不易腐蝕，過濾效果相當好。

二、溫控設施

世界上大多數水草和熱帶魚的原產地處於炎熱的熱帶地區，通常其溫度都恒定在 25～30℃，每個地區早晚水溫都有差距，所以，加熱棒是必備的器材。而炎熱的盛夏外界溫度又常常在 30℃以上，這時，水族箱就必須借助冷卻系統來降低水溫維持恒定的溫度。

可供選擇的加熱棒有分離式加熱棒、恒溫調節器、複合式加熱棒、加熱板、埋於沙石底部的加熱線纜、帶加熱

元件的過濾器等，選擇取決於顧客的喜好和經濟支付能力。最普遍使用的是帶恒溫調節器的複合式加熱棒。

使用加熱棒應該注意：不要在加溫的過程中直接提出加熱棒或把它置入水中，在取出前應停止通電5分鐘。另外無論加溫還是冷卻，在溫度調節上都要採用循序漸進方式，避免溫度在短時間內驟升或驟降，造成魚體在生理上產生緊迫感。最後要注意的是如遇加熱棒損壞，要先切斷加熱棒的電源再處理，以免觸電。

三、充氧設施

家庭進行水族箱養殖和欣賞觀賞魚時，如果水族箱中的魚密度過大，過濾充氧無法滿足魚呼吸的需要時，就必須使用氣泵充氧。氣泵通常是根據每分鐘能產生的空氣體積或在一定水深時能帶動多少散氣石來分級的。

如果使用氣動過濾器和（或）蛋白分離器，則需要準備一個質量好、功率相當的氣泵。目前市售的空氣氣泵有電磁震動式和馬達式空氣氣泵兩大類。

四、照明設施

照明的作用是既能讓我們清楚地欣賞魚，又能給魚兒補充足夠的日照，而且有一個自然的日照燈光，也會提高魚缸裏的水溫來協助加溫。一般來說不同的魚類對燈光的光譜都有不同的需求，因此，挑選燈光必須根據不同的魚種來確定，例如羅漢魚比較適合暖色帶淡紫紅的燈光。因此購買時應選擇適宜熱帶魚生長的照明燈具，如螢光燈、密合式螢光燈、水銀燈、金屬鹵素燈等。

每天開燈時間只要在 10～12 小時，即可保證水族箱中充足的光線，為了有規律地照明，最好能在水族箱中裝設計時器，以定時開關燈源，保證穩定充足的光照，也可避免魚兒不必要的緊張。若安裝暖色系及冷色系燈源的多燈管燈具，再配合計時器控制照明時間，則可以創造一個符合自然生態的照明系統。

就淡水水族箱而言，有一個與水族箱長度一樣的螢光燈管就足夠了。柔和的光照不僅能使魚游動活躍，而且還有利於展現其迷人的色彩。而色彩鮮明的海水熱帶魚則需要幾支燈管才能使觀賞者完全欣賞到它們多姿多彩的生活。

五、其他的附屬設施

1. 水　草

水草是水族箱的氧氣生產者，它能由葉子吸收部分的養分。許多細葉型的水草能以這種方式吸收其所需的大部分養料。水草的栽種除了要講究園藝技巧外，還得考慮熱帶魚對環境的具體要求。

對於一些魚體透明或淺色的魚類，需要有一些深色的植物作背景，更能襯托出魚體的可愛；而一些體型靈巧、活潑的品種，植物不宜太茂密，也不適合栽種那些葉面寬闊、植株高大的種類；有些魚類以水生植物為食或喜叼啄植物，使莖葉折斷，甚至整株水草被鑽掘浮於水面。飼養這類魚時，水族箱內不宜栽種水草，如果栽種，只能選擇生命力極強的水草。

購買水草時,需根據水族箱的規格和所飼養的觀賞魚習性選擇相適應的水草。選購的植物應葉片色彩鮮豔有生氣,枝葉完整無損,根粗莖壯,根、莖挺拔繁茂,葉柄短而嫩,新芽多,沒有青苔附著。

水草的栽種方法有三種:

① 缸栽法:把缸底砂子撥開一凹穴,將水草根部放入穴中,鬚根壓入砂中,培砂並壓上卵石。此法使佈局完美,但清洗比較麻煩。

② 盆栽法:將水草栽於小盆中,再將小盆放入缸中。此法雖清洗方便,但種植的種類、數量及整體佈局均受到限制。

③ 壓根法:對於浮生水草或缸底不宜鋪砂的魚缸,可將水草根部捆上小石或套入合適的玻璃管沉入缸底,用小石固定位置。

2. 人造水草

人造水草是模擬觀賞水草的葉形、株形,用無毒無副作用的塑膠製造而成,目的是為了營造觀賞水草的氣氛,為觀賞魚提供一個安全感很強的地方,同時也具有修飾水族箱環境的作用。

值得注意的是,人造水草是沒有光合作用的,不具備活水草的吸收氨氮、製造氧氣的作用。

3. 沉 木

有多種類型的沉木可供水族箱選用,選擇時要注意,一是沉木的大小要和魚缸的尺寸成正比;二是不要選擇形

狀太過複雜的沉木；第三要選擇炭化完全的沉木；第四要選會沉入水中的沉木；第五要慎選沉木的外形，主要選外形特異，造型突出，很能顯出造景功能的沉木。

4. 裝飾物

裝飾物是用來修飾美化水族箱。裝飾物有各種各樣的類型，諸如珠寶盒、骨架、帆船、河蚌、蛤蜊、人造竹排、水車屋以及各式各樣的陶瓷工藝品等。

5. 背景板

可以購買表現樹根和植物、岩石或珊瑚的塑膠圖片作背景。另外，還可以在水族箱背面的外側作畫，對於淡水和半鹹水水族箱來說，最好使用深的、與水岸相似的顏色。

6. 測試盒

可用於溶氧量、水中金屬含量等的測定。所有的養殖者至少應備有能測定硬度、pH 值、氨、亞硝酸鹽和硝酸鹽的測試盒。

此外，海水養殖者還應購買一個能測定銅含量的測試盒。淡水試劑盒一般不能用於鹹水，反之也一樣。

7. 其他的附屬品

①溫度計：測試水溫的。
②水化學調節劑：不要忘記購買用於調節水化學的化學藥品或材料。
③換水設備：有虹吸管、接嘴、活塞、塑膠箱等。

④儲水桶：當採用自來水、井水為水源時，必須備有儲水桶，以便曝氣、充氧後使用。

⑤水桶、臉盆：水桶作裝運魚、水及餌料等用。

⑥小抄網：每當從水族箱中撈出或放進觀賞魚時，不宜直接用手捕捉，須用抄網捕撈。

⑦浮游生物網：打撈活餌料專用網具。

⑧餌料暫養缸：每當打撈回或購進一批魚蟲不能全部投入水族箱，應根據魚的食量投餵，多餘的活餌暫養於缸中待用。

⑨鑷子：用於種植水草與投餵餌料用。

⑩刮苔器：主要用於刮除附著於玻璃面上的青苔或塵埃。

⑪密度計或鹽度計：懸於箱中測量海水水族箱用的鹽度，以便視蒸發量補充淡水。

⑫pH 試紙或 pH 測定儀：定期測定水的 pH 值，以便調整水的酸鹼度。

第四節　熱帶魚水族箱的清洗

一、淡水熱帶魚水族箱的清洗

① 打開照明系統，檢查水族箱內的生物及設施的運轉是否一切正常，檢查水族箱內部的渾濁度及箱體的骯髒情況。

② 關閉電源，移走觀賞魚及其他生物。為防止加熱棒爆炸、漏電等破壞器具的現象發生，換水時提前 5 分鐘切

斷照明、加熱、打氣、過濾所有設備的電源，移出加熱棒等器具。

③ 拆除相關設施，主要有拆除照明設施、增氧設施及過濾設施等。

④ 清洗過濾系統，這是清洗的重點，要一步一步地進行，而且要做到所有的部件都要清洗，主要有生化棉、過濾棉、生化球、水泵等。

⑤ 清洗水族箱體。

⑥ 清洗底砂及珊瑚砂等。

⑦ 吸去髒水，方法有幾種，一種是用手勺舀出髒水，速度慢而且在底部的髒水不易清出；另一種常見的而且有效的方法就是用虹吸法吸水，能夠乾淨方便地吸出髒水；如果認為時間還是較長的話，可以借助水泵將髒水吸出，但一定要將放置水泵的地方的細砂石清理乾淨。

⑧ 擦拭箱體，檢查是否乾淨。

⑨ 鋪好底砂，底部過濾設施此時要埋好過濾管道。

⑩ 安裝基礎設施，主要是安裝清洗的過濾系統。

⑪ 進水。利用水泵將新配製的水抽入水族箱，加至原水位，也可以用其他的方法加水，如用水桶直接添加。

⑫ 栽草。

⑬ 造景。

⑭ 放魚。

二、海水熱帶魚水族箱的清洗

在海水水族箱的清洗時，它的過程與上面水族箱的清洗過程基本一致，一些需要注意的地方將特別指明。

①打開照明系統，檢查水族箱內的生物及設施的運轉是否一切正常，檢查水族箱內部的渾濁度及箱體的骯髒情況。

②關閉電源，移走觀賞魚及其他生物。

③拆除相關設施，主要有拆除照明設施、增氧設施及過濾設施等並貯存海水。

④清洗過濾系統，這是清洗的重點，要一步一步地進行，而且要做到所有的部件都要清洗，主要有生化棉、過濾棉、生化球、水泵等。

⑤清洗底砂及珊瑚砂等。

⑥清洗水族箱體。

⑦吸去髒水。利用虹吸管抽取沉澱在珊瑚砂上的髒物和浮於水中的雜物。

⑧擦拭箱體，檢查是否乾淨。

⑨鋪好底砂，底部過濾設施此時要埋好過濾管道。

⑩進水。所有設備安裝好後，將提前密封處理過的天然海水或人工調配的海水，用非金屬容器盛裝並徐徐注入水族箱中，待水流循環一段時間後，繼續測量調整，直至比重達到 1.022 的標準為止。

⑪造景。

⑫安裝基礎設施。安裝並放回所有物件，打開電源，觀察各種設備運行是否正常。

⑬放魚。

第五節　熱帶魚的護理

一、經常檢查水體

當熱帶魚水族箱中的水渾濁不清或水呈褐色，應及時處理水質，操作要做到細心、謹慎、輕緩，避免魚受傷。

二、及時添施肥料和飼料

1. 施　肥

如果熱帶魚水族箱中有水草生長時，就需要及時添加水草肥料。常用的水草肥料有氮肥、磷肥、鉀肥等基本肥料，還有鐵、鎂等微肥及水草營養劑，添加方式是由根肥、液肥、鐵肥等形式注入水族箱內，添加水草肥料的具體方法是主要營養劑每天添加一次，以及每隔 7 天換水 1 次，並配合換水時再添加 1 次微肥。

2. 淡水熱帶魚投餌

每天餵魚 1～2 次，餌料控制在能使魚群 3 分鐘內吃完。同時，粗粗清點一下魚數，檢查是否有殘留的死亡魚隻，以防破壞水質，也順便注意魚群中是否有感染生病的魚，及時處理，以防傳染。

投餌要堅持「定質、定量、定時」。

3.海水熱帶魚投餌

每次投餌量以 5～10 分鐘內吃完為宜，每天投餵 2 次。在投餵海水魚時要多注意觀察：

① 觀察魚隻的攝食狀況，若發現有不來攝食或食慾減退的魚隻，要找出原因，及時處理。

② 觀察攝食方式：對於岩石啃食的魚種，可將肉類、藻類製成黏稠狀，塗抹於石塊上，待風乾後，供魚啄食；對於水中攝食的雀鯛等魚種，可採用多樣化的投餌，選用營養豐富的豐年蟲、新鮮小魚蝦、人工配製的各種乾燥餌、冷凍餌，還可以投餵一些新鮮蔬菜；對於特殊攝食的魚類來說，只有從幼魚開始培養才會使其逐漸適應其他替代餌料。

③ 觀察糞便：利用餵食後觀賞魚的時間觀察糞便是否正常，能起到預防魚病的作用。例如紅小丑、粉藍倒吊糞便呈白色液狀，珍珠狗頭、皇后神仙等糞便為碎屑狀，花斑海鰻糞便呈顆粒狀，根據觀察結果可準確地瞭解魚的健康狀況，及早發現魚病，並加以治療。

三、調節水質

在熱帶觀賞魚的日常管理中，控制水質，保持水質良好是很重要的一環。由於熱帶魚及其他微生物會改變水質，使 pH 值升高或降低，硝酸鹽和磷酸鹽含量也會變化，碳酸鹽硬度下降或上升，不利於熱帶魚的正常生長。所以，換水工作十分重要，可以由換水，人為地調節水質。一般而言，如果水族箱過濾系統完善、養魚數量恰

當、餵餌料科學合理等，在水族箱管理良好的情況下，可3個月至半年或1年才全部換水，業界人士稱為傻瓜養魚。但如果管理不良，就必須增加換水的次數。換水一般可分為全部換水和部分換水（換1/3或1/2）兩種。

由於魚的呼吸、排泄等生理代謝和水分蒸發的緣故，海水魚經過一段時間的飼養後，水中pH值和鹽度都會呈現一定的偏差，因此海水魚水族箱管理中及時地加補純水，是不可忽視的操作環節，最好每隔6～7天對水族箱中的pH值、比重等進行一次測試，依據所測得的資料及時由添加淡水或換水調整海水的濃度和酸鹼度。

四、控制光照

一般水族箱中的光線強度比天然水域的中下層光線要強一些，因此可根據需要，人工控制和調節採光量。

根據水箱的容量大小，需要安裝3～6盞螢光燈，如果光線不足，可以改變一下魚缸的角度和位置，或者用日光燈源作為補充光源，以增加光照強度；如果光照過強，可適量減少光線的透入量。

五、調節水溫

在日常管理中必須養成觀察溫度計的習慣，以及時排除故障，保障加熱棒和自動調溫器正常的控溫功能，使水族箱內水溫維持在25～26℃。

六、熱帶魚的健康檢查

淡水熱帶魚的健康檢查主要有以下幾點：從外觀看，

魚體表面沒有傷口潰爛，皮膚乾淨，不附著黏液，魚鰭無破損，鱗片完好無缺，眼睛清澈無渾濁現象；從泳姿挑選，魚在水中游泳活潑，遇到驚嚇能迅速躲藏或逃避。凡呼吸急促，反應遲鈍或停留在散氣石旁邊不游動的魚都有可能患病，其中過於乾瘦和喜歡在粗糙物體上摩擦身體的魚還可能有寄生蟲。

海水魚的健康觀察要注意以下幾方面：

（1）每天檢查海水魚的數量，看水族箱中放養密度是否適宜；

（2）注意觀察魚種搭配是否合理，以免互相爭鬥；

（3）水族箱中若發現魚的顏色帶黑或褪色，常躲在一個角落，游動緩慢、食慾減退應注意觀察：

① 魚的腸黏膜是否充血，肛門是否紅腫，腸道有無病變；

② 魚常在珊瑚礁等粗糙物體上摩擦身體時，觀察魚體表是否有異常物、寄生蟲等附著；

③ 當魚呼吸急促浮於水面時，最好先測溶氧，再檢查鰓部，看鰓蓋是否張開，有無充血、發炎、腐爛等症狀，用手翻開鰓蓋，觀察魚鰓顏色是否正常，黏液有沒有增多，鰓末端是否腫大、腐爛，如鰓蓋張開、腫大多有鰓部寄生蟲。

第三章
熱帶魚的病害與防治

一、熱帶魚生病的原因

熱帶魚發生疾病的主要原因有環境因素、生物因素、魚體自身因素和人為因素。

1. 環境因素

影響魚類健康的環境因素主要有水溫、水質、底質等。

① 水溫：當水溫發生急劇變化時，機體由於適應能力不強而發生病理變化乃至死亡。

② 水質：一旦水質環境不良，就可能導致熱帶魚生病或死亡。

③ 底質：底質對池塘養殖熱帶魚的影響較大，底質環境一旦惡化，會導致魚體的自身免疫力下降，而易發生疾病。

2. 生物因素

① 病原體：熱帶魚的病原體有真菌、細菌、病毒、原生動物等，這些病原體是影響觀賞魚健康的罪魁禍首。

② 藻類：一些藻類如卵甲藻、水網藻等對熱帶魚有直

接影響。水網藻常常纏繞熱帶幼魚並導致死亡。

③ 敵害：家庭養殖熱帶魚的敵害主要有不恰當混養的兇猛魚類、水生昆蟲、青泥苔等。

3. 魚體自身因素

① 魚體的生理因素：魚類對外界疾病的反應能力及抵抗能力隨年齡、身體健康狀況、營養、大小等的改變而有不同。例如車輪蟲病是苗種階段常見的流行病，而隨著魚體年齡的增長，即使有車輪蟲寄生，一般也不會引起疾病的產生。

② 免疫能力：病原微生物進入魚體後，常被魚類的吞噬細胞所吞噬，並吸引白細胞到受傷部位，一同吞噬病原微生物，表現出炎症反應。

二、目檢判斷熱帶魚生病

1. 行為的異常表現

浮於水面或游動緩慢、食慾減退且離群獨游、游動不安或急竄或上浮下游或狂動打轉不止、魚體用身體摩擦水草或池壁。

2. 體色的異常表現

體色暗淡而無光澤或者是皮膚變成灰白色或白色。

3. 其他異常表現

皮膚充血，體表黏液增多，鰓部有充血、蒼白、灰綠

色或灰白色等異常現象，病魚腹部腫脹，糞便白色黏球狀，病魚肛門拖著一條黃色或白色的長而細的糞便，出現這些情況時，都說明熱帶魚生病了。

三、常見觀賞魚病的診斷及治療

觀賞魚病的生態預防是「治本」，而積極、正確、科學地利用藥物治療魚病則是「治標」，本著「標本兼治」的原則，對觀賞魚病進行有效治療，是降低或延緩魚病的蔓延、減少損失的必要措施。

1. 爛鰓病

病魚鰓絲呈粉紅或蒼白，繼而組織破壞，黏粘液增多，嚴重時鰓蓋骨的內表皮充血，中間部分的表皮亦腐蝕成一個略成圓形的透明區，俗稱「開天窗」，軟骨外露。

【防治方法】用食鹽 2% 濃度水溶液浸洗。水溫在 32℃以下，浸洗 5～10 分鐘。用呋喃西林或呋喃唑酮 20×10^{-6} 濃度浸洗 10～20 分鐘；或用 2×10^{-6} 的呋喃西林溶液全池潑灑，浸洗數天，再更換新水。

2. 腸炎病

病魚開始時呈現呆浮、行動緩慢、離群、厭食、甚至失去食慾的現象，魚體發黑，頭部、尾鰭更為顯著，腹部出現紅斑，肛門紅腫，初期排泄白色線狀黏液或便秘。嚴重時，輕壓腹部有血黃色黏液流出。

【防治方法】在 5 千克水中溶解呋喃西林或痢特靈 0.1～0.2 克，然後將病魚浸浴 20～30 分鐘，每日一次。平

時預防，還可用土黴素 0.25 克，或四環素 0.25 克；或氟哌酸 0.1 克等抗生素藥物，藥量為 50 千克水中放 2 粒，浸浴 2～3 天後換水。

3. 豎鱗病（松鱗病、鱗立病）

病魚兩側鱗片向外炸開，表皮粗糙，黏液分泌較少，鰭基部組織發炎充血，水腫，腹部膨脹，重則死亡。

【防治方法】用 2%的食鹽和 3%小蘇打混合液浸洗病魚 10～15 分鐘，然後放入含微量食鹽（1/10000～1/5000）的嫩綠水中靜養。

呋喃西林 $20×10^{-6}$ 溶液浸洗病魚 20～30 分鐘。呋喃西林（1～2）$×10^{-6}$ 全池潑灑。水溫 20℃以上用（1～1.5）$×10^{-6}$，20℃以下用（1.5～2）$×10^{-6}$。

4. 水黴病（膚黴病、白毛病）

病魚體表或鰭條上有灰白色如棉絮狀的菌絲，所以又稱白毛病。菌絲體著生處的組織壞死，傷口發炎充血或潰爛。嚴重時菌絲體厚而密，魚體負擔過重，游動遲緩，食欲減退終致死亡。

【防治方法】用孔雀石綠 5%～10%塗沫傷口或孔雀石綠 $66×10^{-6}$ 浸洗 3～5 分鐘。

用 4‰～5‰食鹽加 4‰～5‰小蘇打混合溶液灑遍全箱。

5. 打粉病（白衣病）

病魚初期體表黏液增多，背鰭、尾鰭及體表出現白點，

白點逐漸蔓延至尾柄、頭部和鰓內。粗看與白點病相似。繼而白頭相接重疊，周身好似裏了一層白衣，故得名。

【防治方法】將病魚轉移到微鹼性水質（pH7.2～8.0）的魚池（缸）中飼養。

用碳酸氫鈉（小蘇打）（10～25）×10^{-6}全箱遍灑。

6. 打印病（腐皮病）

發病部位主要在背鰭和鰭以後的軀幹部分，其次是腹部側或近肛門兩側，少數發生在魚體前部。病初先是皮膚、肌肉發炎，出現紅斑，後擴大成圓形或橢圓形，邊緣光滑，分界明顯，似烙印，俗稱「打印病」。

【防治方法】在發病季節用1×10^{-6}的漂白粉全箱潑灑消毒。

用20×10^{-6}呋喃西林藥浴10～20分鐘。

7. 白頭白嘴病

病魚頭部和嘴圈為乳白色，唇似腫脹，以致嘴部不能開閉而呼吸困難。

【防治方法】用食鹽2%濃度水溶液浸洗。水溫在32℃以下，浸洗5～10分鐘。用呋喃西林或呋喃唑酮20×10^{-6}濃度浸洗10～20分鐘；或用2×10^{-6}的呋喃西林溶液全池潑灑，浸洗數天，再更換新水。

8. 小瓜蟲病

病魚體表、鰭條和鰓上有白點狀的囊泡，嚴重時全身皮膚和鰭條滿布著白點和蓋著白色的黏液。

【防治方法】用硝酸亞汞 2×10^{-6} 濃度浸洗，水溫 15℃以下時，浸洗 2～2.5 小時；水溫 15℃以上時，浸洗 1.5～2 小時。浸洗後在清水中飼養 1～2 小時，使死掉的蟲體和黏液脫掉。

9. 錨頭蚤病

蟲體頭部鑽入熱帶魚皮膚肌肉內，蟲體像短針掛在魚體上。

【防治方法】用鑷子拔去蟲體，並在傷口上塗紅藥水。用 1%高錳酸鉀液塗抹傷口約 30 秒鐘，放入水中，次日再塗抹 1 次。

第四章
常見熱帶魚的養殖技術

地球上的魚類估計有 2 萬種，其中已被人們飼養成功的淡水熱帶魚有 2000 種。目前在熱帶魚商店出售或家庭所飼養的熱帶觀賞魚僅是其中的一部分，約 300 種，而且每年均有新品種陸續出現。根據觀賞魚的實際消費情況，本書主要介紹淡水熱帶魚，也簡要介紹部分海水熱帶魚。所介紹的熱帶魚均有彩色圖片（見彩色圖譜 1～360）。

一、淡水熱帶觀賞魚

鱂形目 Cyprinodontiformes

花鱂科 Poeciliidae

1. 孔雀魚　*Poecilia reticulata*

【別名】彩虹魚、百萬魚、虹鱂魚、庫比魚。

【特徵】尾鰭形狀各式各樣，有琴尾、圓尾、上劍尾、下劍尾、叉尾、方形尾、火炬尾、齒尾、大尾、扇形、紗形或針形。色彩絢麗奪目，豐富多彩，有紅、橙、黃、

綠、青、藍、紫等色，基調色為淡紅、淡綠、淡黃、紅、紫和孔雀藍等。雌魚的尾鰭雖然也楚楚動人，但比起雄魚卻遜色得多。尾鰭上有彩色圓斑，形似孔雀尾羽上的圓斑，尾鰭展開游動時，宛如孔雀開屏，故稱孔雀魚。

【身長】5～7公分（雄魚體長約為雌魚體長的2/3）。

【原產地】巴西、圭亞那、委內瑞拉等南美洲及西印度群島。

【雌雄區別】雄魚臀鰭演化成交尾器；雌魚體大，色較深。

【飼養難度】易於調養。

【食性】雜，動植物餌料均可，尤以鮮活水蚤、線蟲、青苔、菠菜為佳。

【繁殖方法】胎生。每代週期短，幼魚3～4個月成熟，體型小，多產，箱內多植水草，可按1尾雄魚配4尾雌魚（1：4）的比例在一起飼養交配。

【繁殖能力】易，中等大小的雌魚每隔4～6週產一次卵，每次產30～100尾不等，一年產仔量相當多，故有「百萬魚」之稱。

【pH】6.8～7.4。

【硬度】6～10。

【水溫】23～28℃。

【放養形式】孔雀魚性情溫和，能與所有魚類混養。

【活動區域】上、中、下水層水域。

【特殊要求】需要水草。

2. 紅眼白子草尾　*Poecilia reticulata*

【特徵】尾鰭呈叉尾狀，一雙紅色的眼睛非常讓人喜歡，渾身白色。

【身長】5～7公分（雄魚體長約為雌魚體長的2/3）。

【原產地】巴西、圭亞那、委內瑞拉等南美洲及西印度群島。

【雌雄區別】雄魚臀鰭演化成交尾器；雌魚體大，色較深。

【飼養難度】易於飼養。

【食性】雜，動植物餌料均可，尤以鮮活水蚤、線蟲、青苔、菠菜為佳。

【繁殖方法】胎生。多產，箱內多植水草，可按1尾雄魚配4尾雌魚（1：4）的比例在一起飼養交配。

【繁殖能力】易，每次產30～100尾不等。

【pH】7.0～8.0。

【硬度】6～10。

【水溫】23～26℃。

【放養形式】能與所有魚類混養。

【活動區域】上、中、下水層水域。

【特殊要求】需要水草。

3. 藍草尾　*Poecilia reticulata*

【特徵】尾鰭呈叉尾狀，體色是藍色，藍草尾背鰭長至尾部，尾鰭大且皺無法打開，呈現華麗風情。

【身長】5～8公分。

【原產地】巴西、圭亞那、委內瑞拉等南美洲及西印

度群島。

【雌雄區別】雄魚臀鰭演化成交尾器；雌魚體大，色較深。

【飼養難度】易於飼養。

【食性】雜，動植物餌料均可，尤以鮮活水蚤、線蟲、青苔、菠菜為佳。

【繁殖方法】胎生。多產，箱內多植水草。

【繁殖能力】易，每次產 30～100 尾不等。

【pH】7.1～8.2。

【硬度】6～10。

【水溫】18～23℃。

【放養形式】性情溫和，能與所有魚類混養。

【活動區域】上、中、下水層水域。

【特殊要求】需要水草。

4. 佛朗明哥白子　*Poecilia reticulata*

【特徵】白色的身子。

【身長】5～7 公分。

【原產地】巴西、圭亞那、委內瑞拉等南美洲及西印度群島。

【雌雄區別】雄魚臀鰭演化成交尾器；雌魚體大，色較深。

【飼養難度】容易。

【食性】雜，動植物餌料均可，尤以鮮活水蚤、線蟲、青苔、菠菜為佳。

【繁殖方法】胎生。箱內多植水草，可按 1 尾雄魚配 4

尾雌魚（1：4）的比例在一起飼養交配。

【繁殖能力】易，每次產 30～100 尾不等。

【pH】6.5～7.2。

【硬度】6～11。

【水溫】24～29℃。

【放養形式】能與所有魚類混養。

【活動區域】上、中、下水層水域。

【特殊要求】需要水草。

5. 噴點黃尾禮服　*Poecilia reticulata*

【特徵】尾鰭扇形，黃色，上面佈滿點狀花紋。

【身長】5～7 公分。

【原產地】巴西、圭亞那、委內瑞拉等南美洲及西印度群島。

【雌雄區別】雄魚臀鰭演化成交尾器；雌魚體大，色較深。

【飼養難度】易於飼養。

【食性】雜，動植物餌料均可，尤以鮮活水蚤、線蟲、青苔、菠菜為佳。

【繁殖方法】胎生。多產，箱內多植水草，可按 1 尾雄魚配 4 尾雌魚（1：4）的比例在一起飼養交配。

【繁殖能力】易，每次產 30～80 尾不等。

【pH】6.6～7.3。

【硬度】6～10。

【水溫】18～25℃。

【放養形式】能與所有魚類混養。

【活動區域】上、中、下水層水域

【特殊要求】需要水草。

6. 紅尾禮服　*Poecilia reticulata*

【特徵】紅尾禮服魚體為深藍色，尾部血紅色且無黑斑。

【身長】5～7公分。

【原產地】巴西、圭亞那、委內瑞拉等南美洲及西印度群島。

【雌雄區別】雄魚臀鰭演化成交尾器；雌魚體大，色較深。

【飼養難度】易於飼養。

【食性】雜，動植物餌料均可，尤以鮮活水蚤、線蟲、青苔、菠菜為佳。

【繁殖方法】胎生。多產，箱內多植水草，可按1尾雄魚配4尾雌魚（1：4）的比例在一起飼養交配。

【繁殖能力】易，每次產30～80尾不等。

【pH】6.8～7.3。

【硬度】6～10。

【水溫】17～23℃。

【放養形式】性情溫和，能與所有魚類混養。

【活動區域】上、中、下水層水域。

【特殊要求】需要水草。

7. 劍尾魚　*Xiphophorus helleri*

【別名】劍魚、青劍、藍劍尾魚、鴛鴦劍尾魚。

【特徵】體呈綠色或橙色，身體側面從眼睛至劍尾尖端有一條紅色條紋，邊緣為黑色。顏色有紅、青、黑、白、花色等；形態上有高鰭、帆鰭、叉尾、雙尾、鴛鴦劍形、特大鰭形等。雄劍尾魚在游動時，尾部拖著一條長長的利劍，顯得威武雄壯。

【身長】10～12 公分。

【原產地】北美墨西哥、瓜地馬拉及中美洲。

【雌雄區別】成年雄魚尾鰭下方常長有劍狀突出物，未長出時，可靠觀察臀鰭來分辨，雌魚的臀鰭呈扇形、而雄魚臀鰭為棒狀。雄魚的背鰭有紅點，雌魚無紅點。

【飼養難度】易養。

【食性】雜食性，能攝食各種商品餌料，尤喜歡活餌。

【繁殖方法】卵胎生，劍尾魚要用全長 5 公分以上同一品種的雌、雄魚作為親魚，雌雄比例為 1：2。

【繁殖能力】繁殖容易，雌劍尾魚每隔 30～40 天便可繁殖 1 次，每次可產幼魚 20～100 尾不等，多者可達 300 尾。

【pH】7.0～8.0。

【硬度】6～9。

【水溫】18～25℃，也可以忍受 14℃的低溫。

【放養形式】能與所有魚類混養。

【活動區域】上、中、下水層水域。

【特殊要求】有濃密的水草。有的劍尾魚親魚有吞食幼魚的習慣，所以在生產結束時，應立即將雌魚撈出，單獨靜養 3 天再放回魚缸，這樣可避免被雄魚過早追逐而受傷。

8. 日光劍　*Xiphophorus helleri*

【特徵】體呈白色,劍尾。

【身長】10～12 公分。

【原產地】北美墨西哥、中美洲。

【雌雄區別】雄魚的背鰭有紅點,雌魚無紅點。

【飼養難度】易養。

【食性】雜食性,尤喜歡活餌。

【繁殖方法】卵胎生,雌雄比例為 1：2。

【繁殖能力】繁殖容易,雌魚每隔 30～40 天便可繁殖 1 次。

【pH】7.4～7.8。

【硬度】6～9。

【水溫】19～26℃。

【放養形式】能與所有魚類混養。

【活動區域】上、中、下水層水域。

【特殊要求】有濃密的水草。

同類品種還有日光雙劍、日光單劍。

9. 美杜沙雙劍　*Xiphophorus reticulata*

【特徵】劍尾如劍般的筆直,末端尖銳,充滿勇士風格。

【身長】5～7 公分。

【原產地】巴西、圭亞那、委內瑞拉等南美洲及西印度群島。

【雌雄區別】雄魚臀鰭演化成交尾器;雌魚體大,色較深。

【飼養難度】易於飼養。

【食性】雜，動植物餌料均可，尤以鮮活水蚤、線蟲、青苔、菠菜為佳。

【繁殖方法】胎生。多產，箱內多植水草，可按 1 尾雄魚配 4 尾雌魚（1：4）的比例在一起飼養交配。

【繁殖能力】易，中等大小的雌魚每隔 4～6 週產一次卵。

【pH】6.6～7.3。

【硬度】6～9。

【水溫】18～23℃。

【放養形式】能與所有魚類混養。

【活動區域】上、中、下水層水域。

【特殊要求】需要水草。

10. 紅劍　*Xiphophorus helleri*

【別名】紅劍尾魚。

【特徵】這是劍尾魚與月光魚雜交，經人工培育的一個品種，體型與劍尾魚相似，體色和鰭形發生變異。身體側面從眼睛至劍尾尖端有一條紅色條紋。

【身長】8～10 公分。

【原產地】北美墨西哥、瓜地馬拉及中美洲。

【雌雄區別】成年雄魚尾鰭下方常長有劍狀突出物，雄魚的背鰭有紅點，雌魚無紅點。

【飼養難度】易養。

【食性】雜食性，能攝食各種商品餌料，尤喜歡活餌。

【繁殖方法】卵胎生，雌雄比例為 1：2。

【繁殖能力】繁殖容易，雌魚每隔 30～40 天便可繁殖
1 次，每次可產幼魚 20～100 尾不等。

【pH】6.9～7.8。

【硬度】7～12。

【水溫】20～29℃。

【放養形式】性情溫和，能與所有魚類混養。

【活動區域】上、中、下水層水域。

【特殊要求】有濃密的水草。紅劍易跳，要注意防跳。

同類品種還有紅雙劍、紅單劍、高鰭燕尾紅劍、帆鰭
燕尾紅劍。

11. 斑劍尾魚　*Xiphophorus maculatusi*

【別名】大帆鴛鴦魚、月光魚。

【特徵】像孔雀魚一樣，其野生群體的體色十分多樣。

【身長】6～10 公分。

【原產地】北美墨西哥、洪都拉斯、瓜地馬拉及中美
洲。

【雌雄區別】雄魚尾鰭下方常長有劍狀突出物，背鰭有
紅點，雌魚無突起、無紅點。

【飼養難度】中等。

【食性】雜食性，可攝食各種餌料。

【繁殖方法】卵胎生，雌雄比例為 1：2。

【繁殖能力】繁殖容易，雌魚每隔 30～40 天便可繁殖
1 次，每次可產幼魚 40～50 尾。

【pH】7.0～8.0。

【硬度】6～9。

【水溫】20～26℃，在適溫範圍內更喜歡溫度較高的環境。

【放養形式】能與所有魚類混養。

【活動區域】上、中、下水層水域。

【特殊要求】有濃密的水草。

12. 珠帆瑪麗魚　*Poecilia veltfera*

【別名】珍珠瑪麗、鰭帆鱂。

【特徵】體呈橄欖綠色，從背至腹部有 10 餘條排列整齊的褐紅色條紋，眼睛的虹膜為藍色、背鰭高大，聳立似帆，並綴滿珍珠狀的小點子，背鰭的邊緣有一條整齊的紅邊，尾鰭後緣呈弧形。

【身長】8～12 公分。

【原產地】中美洲、墨西哥。

【雌雄區別】雄魚比雌魚豔麗，背鰭也非常高大。

【飼養難度】中等偏難。

【食性】雜食性，魚蟲、水蚯蚓以及藻類、水草等都攝食。

【繁殖方法】卵胎生，雌雄比例為 1：2，雄魚有吞食仔魚的習慣，要注意防止。

【繁殖能力】6 月齡性成熟， 40 天左右可繁殖 1 次。雌魚產仔魚 20～30 尾，甚至上百尾。

【pH】7.4～7.6。

【硬度】12 度以上。

【水溫】20～30℃。

【放養形式】可以與其他魚混養，但在混養時，要以小

型魚為主。

【活動區域】中上層。

【特殊要求】喜光照多的環境。

13. 高鰭瑪麗魚　*Poecilia latipinna*

【別名】綠摩利。

【特徵】體橘黃色，背鰭高大，佈滿銀色斑點。

【身長】5～10 公分。

【原產地】中美洲及美國、墨西哥。

【雌雄區別】成熟的雌魚臀鰭正常，成熟的雄魚臀鰭呈棒狀。雄魚背鰭高聳。

【飼養難度】中等。

【食性】雜食性，喜歡水蚤、剪碎的絲蚯蚓或細小的乾餌料。

【繁殖方法】卵胎生，雌雄比例為 1：2。當雌魚腹部膨大時，可將雄魚撈出，單獨飼養，這樣可防止雌魚流產，而且可以使仔魚免遭雄魚吞食。

【繁殖能力】每隔 6～10 週一次，每條雌魚一次可產仔魚 30～50 尾

【pH】7.2～7.6。

【硬度】9～11。

【水溫】24～26℃。

【放養形式】可以混養，但混養時，不要把它和其他卵胎生的熱帶魚放在一個魚缸裏。

【活動區域】在水的各層游動。

【特殊要求】應常換新水飼養，喜歡陽光，水族箱要

放在日光充足的地方。

14. 瑪麗魚　*Poecilia latipinna*

【特徵】體呈金黃色至橘紅色、紅色或全身黑色。

【身長】5～10 公分。

【原產地】中美洲及美國、墨西哥。

【雌雄區別】雄魚個體小，臀鰭尖形成交配器，雌魚個體粗壯，臀鰭圓形。

【飼養難度】易。

【食性】雜食性，喜食植物及苔藻，餵人工飼料時，要餵以綠藻為主的餌料。

【繁殖方法】卵胎生，雌雄比例為 1：2。

【繁殖能力】每隔 6～10 週一次，每條雌魚一次可產仔魚 30～50 尾。

【pH】7.2～7.6。

【硬度】9～11。

【水溫】24～27℃。

【放養形式】可以混養。

【活動區域】上、中、下水層水域。

【特殊要求】應常換新水飼養，喜歡陽光，水族箱要放在日光充足的地方。

同類的魚有香起士、黑球琴尾、黃雙滿、大帆黑姑娘等。

15. 銀瑪麗　*Poecilia latipinna*

【特徵】銀瑪麗體色銀白，高聳的背鰭猶如一面迎風

招展的旗幟。尾鰭和背鰭分佈著藍色的圓點，是最常見的美麗魚種之一。

【身長】5～10公分。

【原產地】中美洲及美國、墨西哥。

【雌雄區別】雄魚個體小，臀鰭尖形成交尾器，雌魚個體粗壯，臀鰭圓形。

【飼養難度】易。

【食性】雜食性，可吃各種的商品餌料，餌料應含有植物性成分。

【繁殖方法】卵胎生，雌雄比例為 1：2。

【繁殖能力】每隔6～10週一次，每條雌魚一次可產仔魚 30～50 尾。

【pH】7.0～7.8。

【硬度】9～12。

【水溫】24～28℃。

【放養形式】可以混養。

【活動區域】上、中、下水層水域。

【特殊要求】瑪麗魚喜好生活在稍具鹽分的鹼性硬水中，所以在飼養時可以在缸中以珊瑚砂鋪底。

16. 金瑪麗魚　*Poecilia latipinna*

【別名】彩瑪麗魚、金摩利魚。

【特徵】魚體呈寬紡錘形，側扁，尾鰭呈扇圓形，體為金黃色，全身佈滿金紅色的小點，魚體從鰓蓋後端開始有十條縱向金紅色小點組成的條紋，一直延伸到尾柄基部。金瑪麗魚背鰭寬大。

【身長】6～10 公分。

【原產地】北美洲及墨西哥。

【雌雄區別】雄魚背鰭高而寬，臀鰭呈尖形，是性交配器官；雌魚個體較大，臀鰭呈圓形，腹部膨脹，肛門上透明部分呈黑色。

【飼養難度】易。

【食性】雜食性，喜食植物及苔藻，餵人工飼料時，要餵以綠藻為主的餌料。

【繁殖方法】卵胎生，雌雄比例為 1：2。

【繁殖能力】易；多產，每隔 6～10 週一次，每條雌魚一次可產仔魚 30～50 尾。

【pH】6.7～7.6。

【硬度】7. 5～11。

【水溫】20～24℃。

【放養形式】性情溫和，從不攻擊其他品種的熱帶魚，是混養的好品種。

【活動區域】上、中、下水層水域。

【特殊要求】飼養時須以每 10 升的水添加 5 克的鹽。

其他品種還有大帆金摩利。

17. 紅瑪麗　*Poecilia latipinna*

【特徵】通體紅色，如裹著一層絲絨，背鰭充分展開，活潑好動。

【身長】6～9 公分。

【原產地】墨西哥。

【雌雄區別】雄魚背鰭大，臀鰭演化成交尾器；雌魚體

大。

【飼養難度】較易。

【食性】雜食性，喜食植物及苔藻，餵人工飼料時，要餵以綠藻為主的餌料。

【繁殖方法】卵胎生，雌雄比例為 1：2。

【繁殖能力】易；多產，每條雌魚一次可產仔魚 30～50 尾。

【pH】7.2～7.6。

【硬度】9～11。

【水溫】24～26℃。

【放養形式】混養。

【活動區域】上、中、下水層水域。

【特殊要求】飼養時須以每 10 升的水添加 5 克的鹽，另外對水溫變化非常敏感，要注意。

18. 黑瑪麗　*Poecilia sphenops*

【別名】黑姑娘、黑摩利魚。

【特徵】體型呈梭形而側扁，腹部略圓，吻部稍尖，包括魚眼睛在內，全身上下純一黑色，如墨染一般。

【身長】5～7 公分。

【原產地】美國的德克薩斯、墨西哥、哥倫比亞和瓜地馬拉水域。

【雌雄區別】雄魚個體瘦小，臀鰭呈尖形，是性交配器官；雌魚個體較粗大，臀鰭呈圓形。

【飼養難度】中等。

【食性】雜食性，喜食植物及苔藻，餵人工飼料時，

要餵以綠藻為主的餌料。

【繁殖方法】卵胎生，雌雄比例為 1：2。

【繁殖能力】易；多產，每次可產幼魚 10～50 尾不等，多者可產 100 尾以上。

【pH】7.2～8.3。

【硬度】9～11。

【水溫】20～28℃，也可以忍受 10℃的水溫。

【放養形式】混養，但是由於黑瑪麗魚喜歡弱鹼性的硬水，所以最好不要與脂鯉科的熱帶魚混養。

【活動區域】上、中、下水層水域。

【特殊要求】含 5%～10%的海水或鹽水的水。

19. 紅茶壺　*Poecilia latipinna*

【別名】紅皮球。

【特徵】在成魚階段，紅茶壺的腹部會變得渾圓，體型較大。成熟的個體可達 5 公分，體色鮮紅，呈皮球狀。

【身長】4～8 公分。

【原產地】東南亞改良種。

【雌雄區別】雄魚臀鰭演化成交尾器；雌魚體大。

【飼養難度】較易。

【食性】雜食性。

【繁殖方法】卵胎生，雌雄比例為 1：2。

【繁殖能力】易；多產，每條雌魚一次可產仔魚 20～60 尾。

【pH】7.2～7.6。

【硬度】9～11。

【水溫】23～26℃。

【放養形式】混養。

【活動區域】上、中、下水層水域。

【特殊要求】喜弱鹼性的硬水，每5升水加1小匙鹽。

20. 金茶壺 *Poecilia latipinna*

【別名】金皮球。

【特徵】在成魚階段，腹部會變得渾圓，通體帶有成熟金黃色色澤，有的個體帶有雜黑色斑點。

【身長】4～6公分。

【原產地】東南亞改良種。

【雌雄區別】雄魚臀鰭演化成交尾器；雌魚體大。

【飼養難度】較易。

【食性】雜食性。

【繁殖方法】卵胎生，雌雄比例為1：2。

【繁殖能力】易；多產，每條雌魚一次可產仔魚20～60尾。

【pH】7.2～7.6。

【硬度】9～11。

【水溫】23～26℃。

【放養形式】混養。

【活動區域】上、中、下水層水域。

【特殊要求】喜弱鹼性的硬水，每5升水加1小匙鹽。

21. 黑茶壺 *Poecilia latipinna*

【別名】黑皮球。

【特徵】純黑的體色給人一種高貴的氣質。腹部渾圓，嘴巴尖小上翹。

【身長】5～6公分。

【原產地】東南亞改良種。

【雌雄區別】雄魚臀鰭演化成交尾器；雌魚體大

【飼養難度】較易。

【食性】雜食性。

【繁殖方法】卵胎生，雌雄比例為1：2。

【繁殖能力】易；多產，每條雌魚一次可產仔魚20～60尾。

【pH】7.2～7.6。

【硬度】9～11。

【水溫】23～26℃。

【放養形式】混養。

【活動區域】上、中、下水層水域。

【特殊要求】喜弱鹼性的硬水，每5升水加1小匙鹽。

22. 大帆金鴛鴦　*Xiphophorus maculatus*

【特徵】背鰭呈帆狀。

【身長】5～7公分。

【原產地】墨西哥，瓜地馬拉。

【雌雄區別】雄性的個體除了具有華麗的體色與由臀鰭演化成的交尾器外，背鰭也較雌魚寬闊；雌魚的體色較為平淡，在體側會有不連續的黑色雜斑。

【飼養難度】中等。

【食性】雜食性。

【繁殖方法】卵胎生，雌雄比例為 1：2。

【繁殖能力】易；多產。

【pH】7.2～8.0。

【硬度】9～12。

【水溫】23～26℃。

【放養形式】混養。

【活動區域】上、中、下水層水域。

【特殊要求】喜弱鹼性的硬水。

常見品種還有大帆鴛鴦。

23. 紅尾金月魚　*Xiphophorus variatus*

【特徵】尾鰭紅色。

【身長】5～7 公分。

【原產地】墨西哥。

【雌雄區別】雄性具有華麗的體色，臀鰭演化成的交尾器；雌魚的體色較為平淡。

【飼養難度】中等。

【食性】雜食性。

【繁殖方法】卵胎生，雌雄比例為 1：2。

【繁殖能力】易；多產。每隔 3 個月可產 20～200 尾仔魚。生殖期可延續達 2 年。

【pH】7.2～7.7。

【硬度】9～12。

【水溫】20～24℃。

【放養形式】混養。

【活動區域】上、中、下水層水域。

【特殊要求】喜弱鹼性的硬水。

其他品種還有青鴛鴦、米老鼠等。

24. 三色魚　*Xiphophorus variatus*

【別名】鴛鴦魚、落陽紅、落日紅。

【特徵】三色魚的體形粗壯。雄魚高大的背鰭超過自身的長度和寬度，由三種顏色組成的體色，淺海藍色的身軀，旭紅色的尾鰭，黃色的背鰭。

【身長】6～8公分。

【原產地】墨西哥。

【雌雄區別】雄魚比雌魚小，體色豔麗，背鰭高大；雌體長大肥壯，腹部圓大如鼓，色澤較雄魚遜色。

【飼養難度】易。

【食性】雜食性，不宜缺少魚蟲、水蚯蚓、紅子子、藻類等。

【繁殖方法】卵胎生，雌雄比例為 1：2。

【繁殖能力】易；多產。一月可產仔 1 次，1 次可產仔魚幾十尾或上百尾。

【pH】6.8～7.2。

【硬度】9～12。

【水溫】18～24℃。

【放養形式】性情溫和，可以混養。

【活動區域】上、中、下水層水域。

【特殊要求】喜弱鹼性的硬水，要求水質清潔。

25. 月魚　*Xiphophorus maculatus*

【別名】月光魚、新月魚、滿魚、光魚、紅太陽。

【特徵】體形呈紡錘形，腹部較圓，至尾部漸側扁，頭小眼大、吻尖，尾鰭圓形，背鰭與臀鰭相對稱。

【身長】4～6公分。

【原產地】墨西哥、瓜地馬拉。

【雌雄區別】雄魚的臀鰭前幾根鰭條演化成棒狀輸精器。雌魚體幅較雄魚寬，雌魚腹部明顯膨脹，胎斑由白變黑，肛門突出。

【飼養難度】易飼養。

【食性】雜食性，以活水蚤為主，也可投餵些綠葉菜。

【繁殖方法】卵胎生，雌雄比例為1：2。

【繁殖能力】易；多產。每隔2個月便可產約50尾仔魚。

【pH】7.2～8.0。

【硬度】9～12。

【水溫】22～28℃。

【放養形式】能與所有的熱帶魚和平相處，適宜混養。

【活動區域】上、中、下水層水域。

【特殊要求】喜弱鹼性的軟水，更換新水時，可稍放一些鹽，可按10升水加1茶匙海鹽的比例配製。

改良品種有紅月魚、黃金黑尾月魚、藍月魚、朱砂月光魚、金頭月魚、黑鰭琴尾月魚、雜色月魚、紅眼珍珠月光魚、血心月光魚、紅斑點月光魚、藍斑點月光魚、豎琴型月魚等。

26. 蚊魚　*Heterandria formosa*

【別名】食蚊魚、蚊子魚、吃蚊魚 。

【特徵】魚體形似柳葉，尾柄寬長，側扁，雄魚體長
3 公分，色彩鮮豔，模樣俏麗。

【身長】3～6 公分。

【原產地】美國南部和墨西哥北部。

【雌雄區別】雄魚身細長，尾鰭呈棒狀。雌魚比雄魚
大，尾鰭張開。

【飼養難度】易飼養。

【食性】雜食性，乾食、活食都愛吃，但最好餵它活
水蚤。

【繁殖方法】卵胎生，雌雄比例為 1：2，在魚缸內產
卵孵化時，為了讓仔魚有隱蔽場所，要多栽水草。水溫要
比正常情況下的溫度上升 2～3℃ 。

【繁殖能力】易；多產。雌魚生後 6 個月就能產卵，每
次可產仔魚 10 條左右。

【pH】7.2～8.0。

【硬度】9～12。

【水溫】10～30℃ 。

【放養形式】能與所有的熱帶魚和平相處，適宜混養。

【活動區域】上、中、下水層水域。

【特殊要求】飼養在魚缸裏，要種些細葉水草以供它
棲息。另外由於它們有具攻擊性的鰭鉗，所以當它們和其
他種類在水族箱中混養時要稍加注意。

鱂科 Aplocheilidae

27. 黃金鱂　*Aplocheilus lineatus*

【特徵】體色豔麗，帶有飽滿的金黃色澤，背部顏色較深。

【身長】9～13 公分。

【原產地】印度及斯里蘭卡。

【雌雄區別】雄魚尾鰭及臀鰭末端被紅色所包圍，雌魚則沒有。

【飼養難度】中等。

【食性】雜食性。

【繁殖方法】卵生，雌雄比例為 1：2。

【繁殖能力】易；多產。

【pH】6.5～7.0。

【硬度】5～8。

【水溫】25～30℃。

【放養形式】性情不溫馴，對其他魚類有攻擊性，不適宜混養多種熱帶魚。

【活動區域】上部水層水草茂密處。

【特殊要求】水族箱需加蓋以防跳出。

28. 潛水艇　*Aplocheilus panchax*

【別名】印度藍金龍、黃龍、藍鱂。

【特徵】體狹長似潛水艇，亦似魚雷。頭頂與背部平直略扁，頭吻較尖。背鰭基部有一塊黑斑背鰭、臀鰭、尾鰭上有小點閃爍。

【身長】7～10 公分。

【原產地】印度、緬甸、馬來半島及斯里蘭卡。

【雌雄區別】雌魚的背鰭、臀鰭比雄魚的更圓，雄魚的顏色比雌魚的更鮮豔，尾鰭外緣中央出現尖形。

【飼養難度】中等。

【食性】雜食性。尤喜豐年蟲、水蚤幼體等活餌。

【繁殖方法】卵生，雌雄比例為 1：2。

【繁殖能力】易；多產。1 尾雌魚可產卵 10 餘粒。

【pH】6.7～7.0。

【硬度】5～8。

【水溫】22～30℃。

【放養形式】口大能吞食小魚，不宜和其他小魚混養，宜單獨飼養。

【活動區域】在上層和水面上游動。

【特殊要求】飼養潛水艇的魚缸水面上應放置一些浮性水草。

29. 紅尾圓鱂 *Nothobranchius guentheri*

【特徵】體狹長。頭吻較尖。

【身長】9～13 公分。

【原產地】印度、緬甸、馬來半島及斯里蘭卡。

【雌雄區別】雌魚的背鰭、臀鰭比雄魚的更圓，雄魚的顏色比雌魚的更鮮豔。

【飼養難度】中等。

【食性】雜食性。尤喜豐年蟲、水蚤幼體等活餌。

【繁殖方法】卵生，雌雄比例為 1：2。

【繁殖能力】易；多產。

【pH】6.2～6.8。

【硬度】3～5。

【水溫】22～28℃。

【放養形式】宜單獨飼養。

【活動區域】在上層和水面上游動。

【特殊要求】飼養魚缸水面上應放置一些浮性水草。
同類品種還有漂亮寶貝鱂。

30. 臺灣青鱂 *Oryzias latipes*

【特徵】體狹長，頭吻較尖，全身布有小黑斑。

【身長】3～7公分。

【原產地】臺灣中、北部。

【雌雄區別】雄魚的背鰭、臀鰭較雌魚大。

【飼養難度】中等。

【食性】雜食性，可吃食紅蟲、絲蚯蚓、蚊子及昆蟲
的幼蟲、人工飼料。

【繁殖方法】卵生，雌雄比例為 1：1，雌魚在交配後
先將受精卵黏於泄殖孔上，隨後將之貯放在水草之間。

【繁殖能力】易，產卵數 15～25 個。

【pH】7.0～8.0。

【硬度】3～5。

【水溫】18～28℃。

【放養形式】性情溫和，不會掠食其他魚種及蝦類，
可混養。

【活動區域】在水域表層至底層。

【特殊要求】飼養魚缸水面上應放置一些浮性水草。

31. 日本青鱂 *Oryzias latipes*

【特徵】體狹長，頭吻較尖。

【身長】3～7公分。

【原產地】日本。

【雌雄區別】雄魚的背鰭、臀鰭較雌魚大。

【飼養難度】中等。

【食性】雜食性，可吃食紅蟲、絲蚯蚓、動植物性浮游生物，人工飼料。

【繁殖方法】卵生，雌魚在交配後先將受精卵黏於泄殖孔上，然後貯放在水草之間。

【繁殖能力】易，產卵數 20～40 個。

【pH】7.0～8.0。

【硬度】3～5。

【水溫】18～28℃。

【放養形式】性情溫和，不會掠食其他魚種及蝦類，可混養。

【活動區域】在水域表層至底層。

【特殊要求】飼養魚缸水面上應放置一些浮性水草。

32. 女王鱂 *Oryzias javanicus*

【特徵】體高較寬，體色呈透明狀，具有藍色透明感的眼睛，雄魚有豐滿的上半身，喜好群體生活及行動。

【身長】3～6公分。

【原產地】斯里蘭卡、印度、爪哇。

【雌雄區別】雄魚的背鰭、臀鰭較雌魚大而明顯。

【飼養難度】中等。

【食性】雜食性，可吃食紅蟲、絲蚯蚓、動植物性浮游生物，人工飼料。

【繁殖方法】卵生，屬體外受精型，於水溫 23～28℃，以 14 小時光照 10 小時黑暗之光週期刺激產卵，受精卵可在 24℃下孵化 10 天後孵出。

【繁殖能力】易，產卵數 20～30 個。

【pH】6.5～7.5。

【硬度】5～10。

【水溫】22～28℃。

【放養形式】性情溫和，不會掠食其他魚種及蝦類，可混養。

【活動區域】在水域中表層至底層。

【特殊要求】飼養魚缸水面上應放置一些浮性水草。

33. 閃電青鱂 *Melanotaenia splendida*

【特徵】經由日本青鱂長期育種、篩選而成，背部有一塊金屬般閃亮花紋，尾鰭呈矛尾狀，具有各種不同體色的品種。

【身長】3～7 公分。

【原產地】日本。

【雌雄區別】雄魚的背鰭、臀鰭較雌魚大。

【飼養難度】中等。

【食性】雜食性，可吃食紅蟲、絲蚯蚓、人工飼料。

【繁殖方法】卵生，雌魚在交配後先將受精卵黏於泄

殖孔上，然後貯放在水草之間。

【繁殖能力】易，產卵數 20～40 個。

【pH】7.0～8.0。

【硬度】3～5。

【水溫】18～28℃。

【放養形式】性情溫和，不會掠食其他魚種及蝦類，可混養。

【活動區域】在水域表層至底層。

【特殊要求】飼養魚缸水面上應放置一些浮性水草。

溪鱂科 Aplocheilidae（rivulinus）

34. 愛琴魚 *Aphyosemion celiae*

【別名】琴尾魚。

【特徵】愛琴魚外形美麗，尾鰭稍長寬不分叉，上下葉端不延長，形狀如豎琴。體色基調為淡綠色、黃色，常隨環境發生變色，背、臀鰭上有黑色帶。

【身長】5～7 公分。

【原產地】非洲西部的坦干伊喀湖。

【雌雄區別】雄魚的尾鰭、臀鰭具橙色帶。雌魚的鰭形、色彩均不如雄魚。特別是在發情期，雄魚更美麗。

【飼養難度】較難。

【食性】雜食性，喜歡吃活餌，如水蚤、豐年蟲等。

【繁殖方法】卵生，常將卵產在洞裏，進入發情期之後，雄魚會在雌魚之前展開胸鰭，然後靠近雌魚身上促其產卵，再迅速使卵受精。產卵後約兩星期左右即可孵化。

【繁殖能力】較難。

【pH】6.0～7.3。

【硬度】9～12。

【水溫】24～28℃。

【放養形式】單養。

【活動區域】下層水域。

【特殊要求】飼養時注意水質不要變化太大，需要隱蔽場所。

35. 羅氏琴尾魚　*Nothobranchius rachovii*

【別名】羅氏齒鯉、七彩麒麟魚。

【特徵】體橘黃色，具很多橫紋，散有許多金色小點，是世界上最美麗的熱帶魚之一。

【身長】5～7公分。

【原產地】非洲東部。

【雌雄區別】雄魚的尾鰭、臀鰭具橙色帶。雌魚的鰭形、色彩均不如雄魚。

【飼養難度】難。

【食性】雜食性，喜歡吃活餌，如水蚤、豐年蟲等。

【繁殖方法】很難繁殖，1尾雄魚配2尾雌魚。箱內放細砂，待產出的黏性透明卵附著於細砂之後，用虹吸管將卵吸出，用潮濕的水草包好密封，經50～60天，將卵取出放入呈酸性水中，約經兩星期後便可孵化。

【繁殖能力】較難。

【pH】6.0～7.1。

【硬度】4～7。

【水溫】24～26℃。

【放養形式】單養。

【活動區域】下層水域。

【特殊要求】對硬度高的水質極為敏感，如進入硬水，魚鰓會動個不停，並浮在水面游動，不久即死亡。

36. 藍色三叉尾魚　*Aphyosemion gulare*

【別名】叉尾魚、三叉尾魚、三叉琴尾魚。

【特徵】胸鰭稍延長，背鰭寬，後端鈍圓，與臀鰭對稱，臀鰭後尖形。

【身長】12～18 公分。

【原產地】喀麥隆。

【雌雄區別】雄魚長大後，尾鰭分為三叉，中叉中有細密小點，使三叉尾分明又美麗，而雌魚的尾鰭則呈圓形，體背橄欖色下半身至尾鰭下葉為淡藍色和棕紅色斑點條紋。

【飼養難度】難。

【食性】雜食性，喜歡吃活餌，如水蚤、豐年蟲等。

【繁殖方法】卵生，很難繁殖，1尾雄魚配2尾雌魚。產卵箱內鋪砂植草，雌魚產卵於草根處砂粒上，魚卵約需2個月才能孵化。

【繁殖能力】較難。

【pH】6.0～7.1。

【硬度】4～7。

【水溫】22～26℃。

【放養形式】單養。

【活動區域】下層水域。

【特殊要求】對硬度高的水質極為敏感。

37. 豎琴尾魚　*Aphyosemion australe*

【別名】五彩琴尾魚、澳洲琴尾魚、琴尾魚。

【特徵】身軀苗條，尾鰭的形狀像古代豎琴。體色橙黃，嵌有朱紅斑點，腹部呈淺藍色，臀鰭和背鰭紅棕色並帶紫紅鑲邊，尾鰭中部藍色，兩邊或紅或白，十分悅目。

【身長】4～7公分。

【原產地】中非洲。

【雌雄區別】雄魚尾鰭較長大，上下葉鰭端延長，形狀似古代豎琴而得名，具7種色彩。雌魚尾鰭圓形。

【飼養難度】一般。

【食性】愛食活餌，對飼料不感興趣。

【繁殖方法】產卵箱底不鋪砂，放入捆成束的金魚草或狐尾草，提高水溫攝氏2度，產卵完畢，撈出親魚。受精卵要求光線較暗和通風的條件，經12～14天孵出仔魚。

【繁殖能力】難，雌魚產卵延續多日，每日10餘粒左右。

【pH】6.0～7.1。

【硬度】4～7。

【水溫】20～23℃。

【放養形式】不宜與其他品種混養，應單養。

【活動區域】下層水域。

【特殊要求】適宜弱酸性的水。

38. 條紋琴龍魚　*Aplocheilus lineatus*

【別名】印度金龍魚。

【特徵】體型像魚雷，體側呈條紋狀，非常美麗。

【身長】7～12 公分。

【原產地】印度，斯里蘭卡。

【雌雄區別】雄魚尾鰭較長大，上下葉鰭端延長，形狀似古代豎琴而得名，具 7 種色彩。雌魚尾鰭圓形，腹部橢圓，有生殖斑紋。

【飼養難度】一般。

【食性】雜食性，喜吃活餌，勉強接受乾餌，還吃水草和蔬菜葉。

【繁殖方法】在有水草的稍大水族箱內，放入雄魚 1 尾，雌魚數尾，數天之後，即能在每個角落產卵，卵黏附在水草上。此時可以把親魚撈起，經 12～14 天後，仔魚出世。

【繁殖能力】難，雌魚產卵延續多日，每日 10 餘粒左右。

【pH】6.0～7.1。

【硬度】4～7。

【水溫】24～26℃。

【放養形式】不宜與其他品種混養，要單養。

【活動區域】下層水域。

【特殊要求】繁殖要具備近似原產地水流暢通的環境，用氣泵打空氣使水流通，魚卵才能孵化。

頜針魚科 Belonidae（needlefishes）

39. 針嘴魚　*Xencntoaon cancila*

【別名】小火箭、奇齒針魚。

【特徵】針嘴魚體型細而直，像一支銀棒，稱為針魚名副其實。此魚大而長的口中佈滿了尖銳的牙齒。

【身長】27～32 公分。

【原產地】亞洲南部的印度，斯里蘭卡，泰國及馬來半島。

【雌雄區別】雄魚臀鰭分割成兩部分，前部較厚，具有交媾的功能，雌魚則沒有。

【飼養難度】容易。

【食性】肉食性，喜食小魚、紅蟲等活餌。

【繁殖方法】卵生，將成熟的種魚放在有浮草的水族箱內，魚卵產在浮草的根部，為黏性卵，約經 9 天孵化，仔魚可餵水蚤或豐年蝦。

【繁殖能力】很難，每次產卵 100 粒左右。

【pH】6.5～7.4。

【硬度】9～13。

【水溫】22～26℃。

【放養形式】性情兇猛，不宜與其他魚種混合飼養。

【活動區域】下層水域。

【特殊要求】宜在飼育水槽中摻入食鹽，濃度為 10 升水加入 10 克食鹽。水槽需加蓋，防止其受到驚嚇時跳出。

40. 皮頜鱵魚　*Dermogenys pusillus*

【別名】水針魚，半顎火箭魚，馬來西亞尖嘴魚、馬來西亞半喙魚、角鬥魚。

【特徵】是棲息於河口區的淡水魚，嘴尖，牙齒銳利。體銀灰色，修長的體型及延伸的下顎，其合併的上下腭，中連同頭蓋骨一起活動為其特徵。

【身長】4～6公分。

【原產地】泰國、印尼、新加坡、馬來西亞、蘇門答臘。

【雌雄區別】雄魚臀鰭分割成兩部分，前部較厚且長，具有交媾的功能，雌魚則沒有。

【飼養難度】中等偏難。

【食性】肉食性，喜食水蚤、血蟲等活餌，不吃其他餌料。

【繁殖方法】卵胎生，魚卵產在浮草的根部，為黏性卵。

【繁殖能力】簡單，雌魚每次可產仔魚 50～100 尾。

【pH】6.9～7.8。

【硬度】9～13。

【水溫】22～26℃。

【放養形式】性情兇惡，雄魚的攻擊力強，如果在同一水族箱內有 2 尾以上的雄魚，它們會不斷地爭鬥，突出的下顎常因此而折斷，甚至死亡，故不能混養。

【活動區域】下層水域。

【特殊要求】不宜用淡水長期飼養，宜在飼育水槽中摻入食鹽，飼養時要多種水草。

銀漢魚目 Atheriniformes

黑紋魚科（虹銀漢魚科）Melanotaeniidae

41. 澳洲彩虹魚　*Melanotaenia maccullochi*

【別名】虹銀漢魚、黑紋魚、短虹魚、小彩虹魚、五彩金鳳凰、五彩虹、五彩金鳳。

【特徵】體側扁，略呈紅色，背鰭兩個，較接近，體色並不像彩虹般耀眼奪目。

【身長】5～7公分。

【原產地】澳洲北部。

【雌雄區別】雄魚體色較美，雌魚的顏色比雄魚暗淡；雌魚性成熟時腹部比雄魚膨脹。

【飼養難度】較易。

【食性】雜食性，偏植物食性，愛吃人工餌料。

【繁殖方法】卵生，在繁殖缸底部鋪置一層厚約3公分的乾淨細沙，然後種植一些細葉水草，把一對已發情的魚放入。雌魚一般在早晨產卵，魚卵有黏性，經7天即可孵化出幼魚。

【繁殖能力】易，孵化期約10天，一對親魚每次可產卵150粒左右。

【pH】6.9～7.8。

【硬度】9～13。

【水溫】23～28℃。

【放養形式】生性溫和，喜群游，可以和其他習性相同的熱帶魚混養。也可以單品種群養。

【活動區域】上層水域。

【特殊要求】弱鹼性帶鹽分的水。

42. 紅蘋果美人　*Glossolepis incisus*

【別名】新幾內亞虹魚、新幾內亞彩虹魚、舌鱗魚、彩虹魚。

【特徵】體呈紡錘形，側扁，尾鰭呈叉形，成長後背部隆起，背鰭兩個較接近，魚體呈深豔紅色，各鰭也均為紅色。

【身長】10～15 公分。

【原產地】新幾內亞聖塔尼湖水域。

【雌雄區別】雄魚較雌魚豔麗，全身帶有金屬光澤的酒紅色，雌魚是灰茶色；雌魚性成熟時腹部比雄魚膨脹。

【飼養難度】較易。

【食性】雜食性，偏植物食性。

【繁殖方法】卵生，在繁殖缸底部鋪置一層厚約 3 公分的乾淨細沙，然後種植一些細葉水草，把一對已發情的魚放入。雌魚一般在早晨產卵，魚卵有黏性，經 5～7 天即可孵化出幼魚。

【繁殖能力】易，孵化期約 10 天，一對親魚每次可產卵 150 粒左右。

【pH】7.0～8.5。

【硬度】10～12。

【水溫】18～28℃。

【放養形式】生性溫和，喜群游，可以和其他習性相同的熱帶魚混養。也可以單品種群養。

【活動區域】上、中、下層水域。

【特殊要求】弱鹼性的水。

43. 石美人　*Melanotaenia boesemani*

【別名】半身黃彩虹魚。

【特徵】魚體呈紡錘形，側扁，尾呈叉狀，體色分成兩個部分，前半部較偏藍色，後半部則是橘黃色，身體有不明顯的兩條深藍色橫斑。

【身長】12～15 公分。

【原產地】巴布亞新磯內亞。

【雌雄區別】雄魚較雌魚豔麗，全身帶有金屬光澤的酒紅色，雌魚是灰茶色；雌魚性成熟時腹部比雄魚膨脹。

【飼養難度】較易。

【食性】雜食性，喜食動物性餌料。

【繁殖方法】卵生，在繁殖缸底部鋪置一層厚約 3 公分的乾淨細沙，種植細葉水草，把一對已發情的魚放入。雌魚產卵後經 5～7 天即可孵化出幼魚。

【繁殖能力】易，孵化期約 10 天，一對親魚每次可產卵 150 粒左右。

【pH】6.5～7.5。

【硬度】9～15。

【水溫】21～28℃。

【放養形式】生性溫和，喜群游，可以和其他習性相同的熱帶魚混養。也可以單品種群養。

【活動區域】上、中、下層水域。

【特殊要求】弱鹼性的硬水。

44. 藍美人　*Melanotaenia lacustris*

【特徵】體呈紡錘形，側扁，色彩多變，從綠色、藍色到靛色，加上身上有白的橫線，都反射著美麗的光澤。

【身長】10～12 公分。

【原產地】巴布亞新磯內亞的古圖布湖與所羅河。

【雌雄區別】繁殖期雄魚會呈現特殊的「婚姻色」，有徹底發揮彩虹般的光彩。

【飼養難度】較易。

【食性】雜食性，偏動物食性。

【繁殖方法】卵生，在繁殖缸底部鋪置一層厚約 3 公分的乾淨細沙，種植細葉水草，把一對已發情的魚放入。雌魚產卵後經 5～7 天即可孵化出幼魚。

【繁殖能力】易，孵化期約 10 天，一對親魚每次可產卵 150 粒左右。

【pH】6.5～7.5。

【硬度】11～13。

【水溫】21～28℃。

【放養形式】生性溫和，喜群游混養。

【活動區域】上、中、下層水域。

【特殊要求】弱鹼性的水。

45. 電光美人　*Melanotaenia praecox*

【特徵】體型小，身體有霓虹藍色，如同電光般耀眼，鰭的邊框為紅色。

【身長】7～10 公分。

【原產地】新幾內亞。

【雌雄區別】繁殖期雄魚會呈現婚姻色，雄魚較雌魚豔麗；雌魚性成熟時腹部比雄魚膨脹。

【飼養難度】較易。

【食性】雜食性，偏動物食性。

【繁殖方法】卵生，雌魚產卵後經 5～7 天即可孵化出幼魚。

【繁殖能力】易，孵化期約 10 天，一對親魚每次可產卵 100 粒左右。

【pH】7.0～8.5。

【硬度】10～15。

【水溫】22～28℃。

【放養形式】生性溫和，喜群游，常與小型燈魚一起混養在水草缸內。

【活動區域】上、中、下層水域。

【特殊要求】留意水質狀況才會保持最漂亮的體色。

46. 紅美人　*Melanotaenia splendida*

【特徵】體呈紡錘形，側扁，體色以橘紅色為主，隨著成長背部會隆起，突顯出尖而細的吻部。

【身長】12～16 公分。

【原產地】澳洲昆士蘭水域。

【雌雄區別】雄魚有較高的背，體色較為明亮，有極度延深的背鰭和臀鰭。

【飼養難度】較易。

【食性】雜食性，喜歡吃活餌。

【繁殖方法】卵生，在繁殖缸底部鋪置一層厚約 3 公分

的乾淨細沙，種植細葉水草，把一對已發情的魚放入。雌魚產卵後經 5～7 天即可孵化出幼魚。

【繁殖能力】易，一對親魚每次可產卵 120 粒左右。

【pH】6.5～7.5。

【硬度】9～15。

【水溫】21～28℃。

【放養形式】生性溫和，喜群游混養。

【活動區域】上、中、下層水域。

【特殊要求】要種植水草。

鱸形目 Perciformes

鬥魚科 Belontiidae

47. 暹羅鬥魚　*Betta splendens*

【別名】泰國鬥魚、彩雀魚、鬥魚、搏魚、五彩博魚、火炬魚。

【特徵】體呈紡錘形，背鰭、臀鰭和尾鰭寬大，尾鰭呈火炬形。魚體顏色有鮮紅、紫紅、豔藍、草綠、淡紫、紫藍、深綠、墨黑、乳白、雜色等。暹羅鬥魚的鰓弓上有輔助呼吸器官。

【身長】6～9 公分。

【原產地】泰國、新加坡、馬來半島。

【雌雄區別】雄魚顏色鮮豔，各鰭比雌魚長得多；雌魚體色暗淡，體型寬厚，腹部膨大，尾鰭、背鰭較小且渾圓。

【飼養難度】非常容易飼養。

【食性】雜食性，可攝食所有的商品餌料。

【繁殖方法】卵生，暹羅鬥魚是築浮泡巢進行繁殖的，繁殖前應先在缸裏放一株菊花草，將經過仔細挑選的親魚按雌雄 1：1 的比例放進缸裏。雄魚在選好的位置吐沫築泡巢，泡巢築好後，雄魚將雌魚引誘、追趕到泡巢下交配產卵，以後由雄魚護卵。

【繁殖能力】比較容易，一年可繁殖 10 次以上，每對親魚每次可產卵 400 粒左右，多者可達 1000 粒以上。

【pH】6.5～7.5。

【硬度】6～8。

【水溫】24～30℃。

【放養形式】雄魚好鬥，在同一魚缸裏，不應該同時養兩尾以上成年的雄性暹羅鬥魚，但它們卻能和其他品種的熱帶魚和平相處，是混養的好品種。

【活動區域】上、中、下水層。

【特殊要求】魚店賣此魚時需一條魚裝一小袋，防止咬傷，需要水草。

48. 印尼鬥魚　*Betta brederi*

【別名】鬥魚、搏魚。

【特徵】體呈紡錘形，背鰭、臀鰭和尾鰭寬大，體為黃棕色，有鮮豔的縱帶，鰓弓上有輔助呼吸器官。

【身長】6～8 公分。

【原產地】爪哇，蘇門答臘。

【雌雄區別】雄魚顏色鮮豔，各鰭比雌魚長得多，鱗片

能閃爍藍色的光澤。

【飼養難度】非常容易飼養。

【食性】雜食性，愛吃絲蚯蚓等活餌。

【繁殖方法】卵生，利用口孵方式保護下一代。在交配後，雄魚將卵放在臀鰭處受精，再由雌魚以嘴收集卵粒而吐給雄魚，雄魚將卵含在嘴裏，用口孵育仔魚，魚卵約經40小時孵化。

【繁殖能力】比較容易，每對親魚每次可產卵150粒左右。

【pH】6.5～7.5。

【硬度】6～8。

【水溫】23～28℃。

【放養形式】雄魚好鬥，在同一魚缸裏，不能養兩尾以上成年的雄性鬥魚，但它們卻能和其他品種的熱帶魚和平相處，是混養的好品種。

【活動區域】上、中、下水層。

【特殊要求】適宜清潔水，需要水草。

49. 中國鬥魚　*Macropodus opercularis*

【別名】歧尾鬥魚、叉尾鬥魚、龍魚、天堂魚、菩薩魚、花繡巾。

【特徵】魚體長卵形側扁。背鰭、臀鰭基長，後端鰭條均延長至尾鰭，體色基調灰綠色、褐色等，兩側有10條等間距藍黑色橫帶，其間為紅色。鰓弓上有輔助呼吸器官。

【身長】5～10公分。

【原產地】長江上游幹流及支流嘉陵江水系、洞庭湖水系及其以南諸省均有分佈。

【雌雄區別】雄魚體型較大，色澤鮮豔，各鰭均較尖長；雌魚體型較小，腹部膨大隆起，各鰭較圓，顏色略淡雅。

【飼養難度】非常容易飼養。

【食性】雜食性，喜食孑孓、昆蟲幼體和魚蟲，也食乾飼料。

【繁殖方法】卵生，繁殖前應先在缸裏放一株菊花草，將經過仔細挑選的親魚按雌雄 1：1 的比例放進缸裏。雄魚開始吐泡營巢，適時雄魚擠抱雌魚後產卵，雄魚隨即射精，卵被集聚在泡巢中，浮於水面孵化，約經 60 小時孵出幼魚。

【繁殖能力】比較容易，每對親魚每次可產卵 300～400 粒。

【pH】6.7～7.2。

【硬度】6～9。

【水溫】18～28℃。

【放養形式】性好鬥，又能吞食小魚，不宜混養。若要混養時，則應與遊動較快，個體較大的熱帶魚混養在一起。

【活動區域】中、下水層。

【特殊要求】需要水草。

50. 三斑鬥魚　*Macropodus opercularis*

【特徵】體表處有一條條紋路，外表顏色由淡藍色與橘紅色相互搭配且泛著金屬光澤所組成，相當鮮明。鰓弓

上有輔助呼吸器官。

【身長】9～12 公分。

【原產地】中國、日本、越南及東南亞一帶。

【雌雄區別】當雄魚將魚鰭展開，會比雌魚長，且體色比雌魚鮮豔。

【飼養難度】非常容易飼養。

【食性】雜食性，喜食孑孓、昆蟲幼體和魚蟲，也食乾飼料。

【繁殖方法】卵生，繁殖前應先在缸裏放一株菊花草，將經過仔細挑選的親魚按雌雄 1：1 的比例放進缸裏。需要有較多的活動空間，可讓雌魚躲避雄魚的追擊，雄魚吐泡營巢，雌魚產卵，浮於水面孵化，約經 60 小時孵出幼魚。

【繁殖能力】比較容易，每對親魚每次可產卵 300～400 粒。

【pH】6.0～8.0。

【硬度】6～9。

【水溫】16～26℃。

【放養形式】性好鬥，又能吞食小魚，不宜混養。

【活動區域】中、下水層。

【特殊要求】需要種植一些茂密的水草。

51. 梳尾魚　*Betta signata*

【別名】斷線鬥魚、格鬥魚。

【特徵】比中國鬥魚大，體型相似。體為褐色，背鰭始於胸鰭基底上方，較長於臀鰭基底；尾鰭圓形，鰓弓上有輔助呼吸器官。

【身長】12～15 公分。

【原產地】亞洲南部斯里蘭卡。

【雌雄區別】雄魚體色由褐色逐漸變成深紅色，且鰭的末端伸長。

【飼養難度】非常容易飼養。

【食性】雜食性，能接受任何餌料。

【繁殖方法】卵生，是築浮泡巢進行繁殖的，繁殖前應先在缸裏放一株菊花草，將經過仔細挑選的親魚按雌雄 1：1 的比例放進缸裏。雄魚在選好的位置吐沫築泡巢，泡巢築好後，雄魚將雌魚引誘、追趕到泡巢下交配產卵，以後由雄魚護卵。

【繁殖能力】比較容易，每對親魚每次可產卵 300 粒左右。

【pH】6.3～7.1。

【硬度】6～8。

【水溫】22～28℃。

【放養形式】魚性粗暴好鬥，不適合與小型魚混養。

【活動區域】上、中、下水層。

【特殊要求】需要水草。

52. 珍珠馬甲魚　*Trichogaster leeri*

【別名】珍珠魚、馬山甲魚，珍珠毛足魚。

【特徵】體呈長橢圓形，側扁，尾鰭淺叉狀。腹鰭呈絲狀延長，金黃色。魚體基色為銀灰色，全身及各鰭均佈滿珍珠形斑點，故名珍珠魚。

【身長】10～15 公分。

【原產地】泰國、馬來西亞、印尼的蘇門答臘和婆羅洲。

【雌雄區別】雄魚的紅色更顯得鮮豔奪目，雄魚背鰭、臀鰭均較長，末端呈尖形；雌魚背鰭、臀鰭相對較短，末端呈圓形，性成熟的雌魚腹部較膨脹。

【飼養難度】非常容易飼養。

【食性】雜食性，愛吃動物性餌料。

【繁殖方法】卵生，雌魚主動吐沫營巢，浮在水面上，雄魚護卵孵幼，經 3 天左右孵化。

【繁殖能力】比較容易，一年可繁殖 10 次以上，每次產卵 1000 粒以上。

【pH】6.5～7.1。

【硬度】6～8。

【水溫】23～28℃。

【放養形式】性情溫和，適宜混養。

【活動區域】上、中、下水層。

【特殊要求】喜歡生活在弱酸性的硬水中，若驚嚇過度會褪色與停止攝食。

53. 藍星魚　*Trchogaster triohopterus*

【別名】三星魚、藍三星、絲足鱸、黑斑線鰭魚。

【特徵】魚體呈卵圓形側扁。眼較大，背鰭短而高。腹鰭長絲狀達尾鰭。臀鰭寬長，鰭基起自胸下至尾鰭基部。尾柄很短，尾鰭分叉。在身幹中部和尾柄處各有 1 塊深藍色圓斑。

【身長】10～15 公分。

【原產地】泰國、馬來西亞、印度和中國西雙版納。

【雌雄區別】雄魚豔麗，背鰭較尖長，臀鰭出現橙紅色或橙黃色寬邊；雌魚背鰭短而鈍；腹部膨大。

【飼養難度】非常容易飼養。

【食性】雜食性，魚蟲、絲蚓、孑孓和乾飼料等都攝食。

【繁殖方法】卵生，當雌雄親魚配對入箱後，雄魚引誘雌魚游到浮巢下，完成產卵、受精，撈出雌魚，留下雄魚守巢護幼。受精卵在浮巢內經 24 小時孵出仔魚。

【繁殖能力】比較容易，每對親魚每次可產卵 300 粒左右。

【pH】6. 5～7. 5。

【硬度】6～8。

【水溫】22～26℃。

【放養形式】可混養。

【活動區域】上層水域。

【特殊要求】性情內向愛靜，需要水草。

54. 蛇紋馬甲魚　*Trichogaster pectoralis*

【別名】金萬隆。

【特徵】魚體呈橄欖綠色，體側有斜紋狀的暗帶，形似蛇狀，故得此名。

【身長】22～27 公分。

【原產地】中南半島的池沼、湖泊。

【雌雄區別】雄魚豔麗，背鰭較尖長，雌魚背鰭短而鈍；腹部膨大。

【飼養難度】非常容易飼養。

【食性】雜食性，對任何食餌都能接受。

【繁殖方法】卵生，當雌雄親魚配對入箱後，雄魚能製大型泡巢，雄魚保護卵及仔魚。待產卵後，雄魚會攻擊雌魚，故產卵後應把雌魚移走。卵經 24～36 小時孵化。

【繁殖能力】比較容易，每對親魚每次可產卵 1000 粒左右。

【pH】6.0～7.1。

【硬度】6～8。

【水溫】22～28℃。

【放養形式】可混養。

【活動區域】上、中、下層水域。

【特殊要求】宜弱酸性的軟性水質。

55. 銀馬甲魚 *Trichogaster microlepis*

【別名】銀龍魚、銀曼龍魚。

【特徵】整體上呈現出銀色且散發金屬光澤，顯得耀眼奪目，為其特徵也因而得名。眼睛處會略帶點紅色的色澤。

【身長】12～17 公分。

【原產地】泰國、高棉、馬來西亞一帶。

【雌雄區別】雄魚的背鰭長而尖，發情期腹部會變為橘黃色。有鬚的長腹鰭稍有一點紅色。

【飼養難度】非常容易飼養。

【食性】雜食性，愛吃動物性餌料。

【繁殖方法】卵生，吐泡沫作巢，雄魚引誘雌魚游到

浮巢下,完成產卵、受精。受精卵在浮巢內經 24 小時孵出仔魚。

【繁殖能力】比較容易,每對親魚每次可產卵 700 粒左右。

【pH】6.0～7.0。

【硬度】4～7。

【水溫】27～31℃。

【放養形式】生性溫和膽怯,受到驚嚇會躲在角落,不適合與其他魚種混養。

【活動區域】上、中層水域。

【特殊要求】性情內向愛靜,喜愛躲藏於茂密的水草或石堆處。

56. 迷你馬甲魚 *Trichopsis pumilus*

【別名】小型奇拉美。

【特徵】體呈咖啡色,體側有深色縱斑,各鰭鑲有亮麗的藍邊。

【身長】2～5 公分。

【原產地】越南,馬來西亞,泰國。

【雌雄區別】雄魚的背鰭長而尖。

【飼養難度】非常容易飼養。

【食性】雜食性,可餵人工餌料或活餌。

【繁殖方法】卵生,在浮葉下製造小型泡巢,產卵後,需將雌魚移出,由雄魚負責照顧卵及幼魚。

【繁殖能力】比較容易,每對親魚每次可產卵 50 粒左右。

【pH】6.0～7.0。

【硬度】4～7。

【水溫】25～30℃。

【放養形式】生性溫和膽怯，受到驚嚇會躲在角落，不適合與其他魚種混養。

【活動區域】上、中層水域。

【特殊要求】水族箱需多栽水草。

57. 三星曼龍魚 *Trichogaster trichopterus*

【別名】三點馬甲。

【特徵】魚身體中央與尾鰭根處和眼球之間都有黑點，形成三星，故稱「三星曼龍」。普通體色為銀青色，背鰭和尾鰭有無數小斑點。

【身長】10～15公分。

【原產地】馬來西亞，泰國，婆羅洲等地。

【雌雄區別】雄魚的背鰭、臀鰭都顯得更寬大和尖利，但體型比雌魚更纖細和瘦長。雌魚在產卵期腹部會隆起，雄魚發情時，體色變成深藍色。

【飼養難度】容易飼養。

【食性】雜食性，可餵人工餌料或活餌。

【繁殖方法】卵生，由雄魚在浮葉下製造小型泡巢，產卵後，需將雌魚移出，由雄魚負責照顧。

【繁殖能力】比較容易，每對親魚每次可產卵50粒左右。

【pH】6.0～7.0。

【硬度】4～7。

【水溫】23～28℃。

【放養形式】會吃小魚和體弱魚,不適合與小型魚種混養。

【活動區域】上、中層水域。

【特殊要求】水族箱需多栽水草。

58. 發聲馬甲魚　*Trichopsis vittatus*

【別名】咕鱸、多絲魚、發聲魚。

【特徵】魚體呈紡錘形,尾柄很短,尾鰭卵圓形,外緣中尖形,體兩側有 3 條齒形縱帶,深棕色,中間一條始於吻至尾鰭尖。會震動輔助呼吸器官,發出「磕磕磕」音。

【身長】5～10 公分。

【原產地】馬來西亞,印尼蘇門答臘島和加里曼丹島。

【雌雄區別】雌魚體色略淡,腹部隆起;雄魚體細長,體色略深。

【飼養難度】容易飼養。

【食性】雜食性,可餵人工餌料或活餌。

【繁殖方法】卵生,在浮葉下製造小型泡巢,產卵後,需將雌魚移出,由雄魚負責照顧。

【繁殖能力】比較容易,每對親魚每次可產卵幾十粒至兩百粒左右。

【pH】6.7～7.4。

【硬度】4～7。

【水溫】25～30℃。

【放養形式】生性溫和膽怯,受到驚嚇會躲在角落,不適合與其他魚種混養。

【活動區域】上、中、下層水域。

【特殊要求】這種魚對煤氣味很敏感，如遇煤氣會中毒死亡。

59. 青萬龍　*Trichogaster trichoptetus*

【特徵】全身有不規則的青色斑紋。

【身長】13～17 公分。

【原產地】馬來西亞、緬甸、泰國、越南、澳洲等地區。

【雌雄區別】雄魚的背鰭上具有點狀斑點。

【飼養難度】容易飼養。

【食性】雜食性，可餵人工餌料或活餌。

【繁殖方法】卵生，在浮葉下製造小型泡巢，產卵後，需將雌魚移出，由雄魚負責照顧。

【繁殖能力】比較容易，每對親魚每次可產卵 70 粒左右。

【pH】6.6～7.2。

【硬度】6～8。

【水溫】25～30℃。

【放養形式】性情溫和，但是不要在水族箱放入一隻以上的雄魚以避免打架。

【活動區域】層水域。

【特殊要求】很少游動，所以在水箱中幾乎是靜止不動的。

格鬥魚科 Belontiidae

60. 麗麗魚　*Colisa lalia*

【別名】桃核魚、蜜鱸魚、五彩麗麗魚、七彩麗麗、小麗麗魚、雪麗麗。

【特徵】體呈卵圓形，側扁，尾鰭呈圓扇狀，體色以紅、藍、橙三色為主色，交織在一起，形成一片五彩繽紛的網狀花紋。頭部為橙色，眼眶為紅色，鰓蓋上泛著藍光。背鰭、臀鰭、尾鰭都布有紅色或藍色的斑點，並都勾有紅色邊緣。腹部有兩根長長的觸鬚。

【身長】5～6公分。

【原產地】印度，尤以阿薩姆邦出產最豐。

【雌雄區別】雄魚的背鰭、臀鰭、尾鰭等為紅綠色，花紋清晰，背鰭末端尖長；雌魚體色較淡雅，呈銀灰色，並綴有彩色條紋，腹部隆起，背鰭渾圓。

【飼養難度】容易飼養。

【食性】雜食性，能攝食各種商品餌料，但喜食動物性餌料。

【繁殖方法】卵生，產卵於氣泡巢中，巢由雄魚負責建造和守衛。可在水族箱中繁殖，雄魚的攻擊性在繁殖期間會造成一些不良影響。

【繁殖能力】強，每對親魚每次可產卵600粒左右，多者可達1000粒以上。

【pH】6.6～7.2。

【硬度】8～12。

【水溫】25～28℃。

【放養形式】從不互相攻擊，也不襲擊其他品種的熱帶魚，適宜混養。但是由於膽小，不能與大魚混養。

【活動區域】中、下層水域。

【特殊要求】水族箱要多植水草，放青苔和水藻。

61. 電光麗麗　*Colisa lalia*

【特徵】體呈卵圓形，側扁，色彩極為鮮豔，從鰓蓋後緣至尾鰭皆有以橘色為底色，身上帶有亮麗藍色條紋的豔麗色彩。

【身長】5～6 公分。

【原產地】印度、印尼等地區。

【雌雄區別】雄魚背鰭末端尖長；雌魚體色較淡雅，呈銀灰色，並綴有彩色條紋，腹部隆起，背鰭渾圓。

【飼養難度】容易飼養。

【食性】雜食性，喜食動物性餌料。

【繁殖方法】卵生，產卵於氣泡巢中，巢由雄魚負責建造和守衛。

【繁殖能力】強，每對親魚每次可產卵 500 粒左右。

【pH】6.6～7.2。

【硬度】6～9。

【水溫】25～28℃。

【放養形式】膽小，不能與大魚混養。

【活動區域】中、下層水域。

【特殊要求】水族箱要多植水草，放青苔和水藻。

62. 紅麗麗魚　*Colisa chuna*

【別名】蜜鱸魚、可麗莎魚。

【特徵】體呈卵圓形，側扁，尾鰭呈圓扇狀，體色素淡。

【身長】4～5 公分。

【原產地】印度東北部。

【雌雄區別】雄魚顯現出婚姻色，魚體呈紅銅色，下顎至胸鰭為藍色，非常漂亮。

【飼養難度】容易飼養。

【食性】雜食性，喜食動物性餌料。

【繁殖方法】卵生，產卵於氣泡巢中，雄魚不攻擊雌魚，不需將仔魚移開。

【繁殖能力】強，每對親魚每次可產卵 600 粒左右。

【pH】6.6～7.2。

【硬度】8～12。

【水溫】23～28℃。

【放養形式】性溫和，可與溫和的小型魚混養。

【活動區域】中、下層水域。

【特殊要求】水族箱要多植水草。

63. 厚唇麗麗魚　*Colisa labiosa*

【特徵】體呈卵圓形，側扁，全身為藍褐色，有 8～10 條暗色橫紋。腹鰭紅色。

【身長】6～8 公分。

【原產地】印度，緬甸。

【雌雄區別】雄魚體色會變黑，鰭的邊緣帶橘紅之婚姻

色出現，色彩較美麗。

【飼養難度】容易飼養。

【食性】雜食性，喜食活餌，也吃人工餌料。

【繁殖方法】卵生，產卵於氣泡巢中，巢由雄魚負責建造和守衛。

【繁殖能力】強，每對親魚每次可產卵 400 粒左右。

【pH】6.6～7.2。

【硬度】8～12。

【水溫】22～28℃。

【放養形式】適宜混養，但是由於膽小，不能與大魚混養。

【活動區域】中、下層水域。

【特殊要求】水族箱要多植水草。

64. 珍珠小麗麗　*Trichopsis pumilus*

【別名】小叩叩魚。

【特徵】體色為褐黃色，分佈著一些小圓亮點斑點，其體側有兩條咖啡色的條紋，於背鰭、腹鰭、尾鰭的部分相當鮮豔，好比淋上了珍珠般藍綠色的小碎點。

【身長】3～6 公分。

【原產地】泰國、越南、蘇門答臘。

【雌雄區別】雄魚背鰭末端尖長；雌魚呈銀灰色，腹部隆起，背鰭渾圓。

【飼養難度】容易飼養。

【食性】雜食性，但喜食動物性餌料。

【繁殖方法】卵生，產卵於氣泡巢中，巢內雄魚由責

建造和守衛。

【繁殖能力】強，每對親魚每次可產卵 500 粒左右。

【pH】5.8～7.0。

【硬度】4～10。

【水溫】25～28℃。

【放養形式】膽小，不能與大魚混養。

【活動區域】中、下層水域。

【特殊要求】水族箱要多植水草，放青苔和水藻。

65. 黃金麗麗　*Colisa sota*

【別名】草莓麗麗。

【特徵】全身為亮紅色，在腹部及背部為淡藍色。

【身長】4～8 公分。

【原產地】印度、孟加拉、緬甸等地區。

【雌雄區別】雄魚背鰭末端尖長；雌魚體呈銀灰色，腹部隆起，背鰭渾圓。

【飼養難度】容易飼養。

【食性】雜食性，能攝食各種商品餌料，但喜食動物性餌料。

【繁殖方法】卵生，產卵於氣泡巢中，巢由雄魚負責建造和守衛。

【繁殖能力】強，每對親魚每次可產卵 600 粒左右。

【pH】6.0～7.5。

【硬度】4～15。

【水溫】22～28℃。

【放養形式】性羞怯但是具有領域性，不能與大魚混

養。

　　【活動區域】中、下層水域。

　　【特殊要求】水族箱要多植水草，放青苔和水藻。

66. 厚唇攀鱸　*Colisa labiosa*

　　【別名】厚唇魚、五彩曼龍魚。

　　【特徵】魚體卵圓形，側扁，口唇厚。體色棕黃。有10條灰色橫條紋，條紋間略顯紅色。背鰭、臀鰭對稱，鰭形延長至尾鰭基部，黃綠色鑲紅色、橙色邊，腹鰭呈長須狀，尾鰭短圓，各鰭佈滿紅點。

　　【身長】9～10公分。

　　【原產地】緬甸、印度、孟加拉。

　　【雌雄區別】雌魚體色也較往日豔麗，並出現紅色條紋；雄魚背鰭和臀鰭末端很尖，雌魚的呈圓形。

　　【飼養難度】容易飼養。

　　【食性】雜食性，但較喜食魚蟲、水蚯蚓，也食藻類。

　　【繁殖方法】卵生，親魚按雌雄1：1的比例放進缸裏，雌魚產卵於氣泡巢中，巢由雄魚負責建造和守衛。

　　【繁殖能力】強，一年可繁殖多次，每對親魚每次可產卵600粒左右。

　　【pH】6.0～7.5。

　　【硬度】8～12。

　　【水溫】20～28℃。

　　【放養形式】混養。

　　【活動區域】中、下層水域。

　　【特殊要求】水族箱要多植水草。

沼口魚科 Helostomatidae（kissing gourami）

67. 接吻魚　*Helostoma temmincki*

【別名】吻魚、吻嘴魚、親嘴魚、香吻魚、桃花魚、接吻鬥魚、吻鱸。

【特徵】體長卵圓形，淡紅肉色，側扁，常用有鋸齒的嘴唇親吻同屬魚類。接吻不分同性或異性、幼魚或成魚，這是它們之間較量、威脅、打架或交流的一種方式。最喜歡用嘴唇刮食玻璃箱壁上或石塊表面的軟葉藻類。

【身長】15～25公分。

【原產地】泰國、馬來西亞、婆羅洲、蘇門答臘等地。

【雌雄區別】雌、雄魚難分，身型較長、體型較瘦者為雄性，腹部隆起而鰭較短的是雌魚。

【飼養難度】較易。

【食性】雜，包括植物性餌料。

【繁殖方法】浮性卵，不吐泡沫而直接產出琥珀色的卵於水面，產卵後即隔離親魚，受精卵經過36小時左右可孵化出仔魚。

【繁殖能力】繁殖非常容易，一年可繁殖數次，每次產卵 3000～10000 粒。

【pH】6.0～7.5。

【硬度】8～12。

【水溫】26～31℃。

【放養形式】愛在魚缸中撒歡，不能和愛安靜的熱帶魚混養，但可與其他的魚混養。

【活動區域】上、中、下水層。

【特殊要求】漂浮性水草。

絲足魚科 Osphronemidae

68. 飛船魚　*Osphronemus goramy*

【別名】絲足鱸、戰船、大萬隆、歐氏攀鱸。

【特徵】全身呈棕灰色。

【身長】可達 60 公分。

【原產地】越南，泰國，馬來西亞。

【雌雄區別】雄魚臀鰭突化成交接棒。

【飼養難度】較易。

【食性】雜食性，幼魚喜食動物性餌料，隨著成長而偏草食性。

【繁殖方法】卵生，雄魚利用水草製造大型鳥巢狀泡巢（直徑約 20 公分），雄魚保護卵及仔魚。

【繁殖能力】強，親魚每次可產卵 300 粒左右。

【pH】6.0～7.5。

【硬度】8～12。

【水溫】22～28℃。

【放養形式】具攻擊性，不要和小型魚混養。

【活動區域】下層水域。

【特殊要求】宜清潔的水質。

它的改良品種是黃金戰船。

攀鱸科 Anabantidae

69. 斑點鱸　*Ctenopoma acutirostre*

【別名】擬裝軍艦魚、非洲攀鱸。

【特徵】頭吻部尖形，從鰓蓋後緣開始至尾鰭，體幅很寬闊，背腹弧形相似，尾柄很短，尾鰭外緣淺弧形，幼魚體色具明亮的淡茶色，佈滿不規則的黑色斑點，很像非洲的斑豹。成體呈巧克力般的咖啡色。

【身長】12～17 公分。

【原產地】剛果。

【雌雄區別】雄魚色澤鮮豔，臀鰭尖長；雌魚腹部膨大隆起。

【飼養難度】非常容易飼養。

【食性】雜食性，也食乾飼料。

【繁殖方法】卵生，將經過仔細挑選的親魚按雌雄 1：1 的比例放進缸裏。雄魚吐泡營巢，雌魚產卵孵化。

【繁殖能力】難，故此魚尚屬珍貴。雌魚產浮性卵 500～1000 粒。雙親對後代都不愛護。

【pH】6.7～7.2。

【硬度】6～9。

【水溫】24～26℃。

【放養形式】成魚嘴大，能吞食小魚，不宜與小型魚混養。

【活動區域】中、下水層。

【特殊要求】水族箱內多植些水草，可以為它擋光。

其他的同類品種還有攀鱸、長絲鱸。

70. 安氏鱸　*Ctenopoma ansorgii*

【別名】安氏櫛蓋鱸。

【特徵】體為棕色，全身有 6～7 條藍綠色的橫紋，游泳時各鰭都張開。

【身長】5～8 公分。

【原產地】非洲西部熱帶地區。

【雌雄區別】雄魚色澤鮮豔，臀鰭尖長；雌魚腹部膨大隆起，非常柔軟。

【飼養難度】容易飼養。

【食性】雜食性，喜吃活餌，也吃人工餌料。

【繁殖方法】卵生，將經過仔細挑選的親魚按雌雄 1：1 的比例放進缸裏。雄魚吐泡營巢，雌魚產卵孵化。

【繁殖能力】一般。雌魚產卵 500～1000 粒。

【pH】6.8～7.1。

【硬度】6～9。

【水溫】23～28℃。

【放養形式】性溫和，能與溫和魚種混合飼養。

【活動區域】中、下水層。

【特殊要求】水族箱需用水草、岩石、流木等佈置隱藏所。

慈鯛科 Cichlidae

71. 火口魚　*Cichlasoma meeki*

【別名】米氏真麗魚、麗體魚、紅胸花鱸。

【特徵】個體較大，紡錘形，頭大，體稍高略扁，肥

壯強健,體色基調是淡褐色,背部較深,口下方至腹部紅色,從頭部至尾柄,分佈著 5～6 條不清晰的黑色垂直條紋,最大特色是張開大嘴,一口血紅色,如同口中噴火,故得名火口魚。

【身長】10～15 公分。

【原產地】墨西哥和瓜地馬拉。

【雌雄區別】雄魚口下至腹部的紅色面積擴大,豔麗,背、臀鰭末端尖長。雌魚背鰭較短,末端呈圓形。

【飼養難度】容易飼養。

【食性】雜食性,愛吃動物性活餌料。

【繁殖方法】選體長 10 公分以上的作親魚,水箱內放 1 個側倒的小花盆作繁殖窩,產卵完畢即撈出親魚。受精卵經 4 天孵出仔魚。

【繁殖能力】強,一年可繁殖多次,1 尾雌魚可以產卵 200～400 粒。

【pH】6.8～7.1。

【硬度】6～9。

【水溫】20～30℃。

【放養形式】性情兇猛,吞食小魚,不宜和其他熱帶魚混養。

【活動區域】中、下層水域。

【特殊要求】喜歡在水草多的環境中產卵。

72. 玫瑰鯛 *Cichlasoma nigrofasciatum*

【別名】白獅王、黑帶麗體魚。

【特徵】玫瑰鯛為變種魚,原生種有 9 條黑色的橫條

花紋，體色為灰白色。

【身長】8～15 公分。

【原產地】中美洲的瓜地馬拉。

【雌雄區別】雄魚背鰭、臀鰭的末端稍尖較長。

【飼養難度】容易飼養。

【食性】雜食性，愛吃動物性活餌料。

【繁殖方法】選體長 10 公分以上的作親魚，水箱內放 1 個側倒的小花盆作繁殖窩，產卵完畢即撈出親魚。受精卵經 4 天孵出仔魚。

【繁殖能力】強，一年可繁殖多次，1 尾雌魚可以產卵 200～400 粒。

【pH】6.8～7.1。

【硬度】6～9。

【水溫】24～26℃。

【放養形式】性情兇猛，會攻擊別種魚，吞食小魚，不宜和其他熱帶魚混養。

【活動區域】中、下層水域。

【特殊要求】喜歡在水草多的環境中產卵。

其他同類魚還有白師頭、獅王、藍眼皇后。

73. 金波羅魚 *Cichlasoma severum*

【別名】斑眼花鱸、西付羅魚、波羅魚、彩波羅魚、新藍火口魚、莊嚴麗體魚。

【特徵】幼年時，體色、形狀很像神仙魚，橫紋比較明顯，隨著成長，橫紋逐漸變淡消失。體色呈橙紅色，鰓蓋有紅色不規則的斑紋，全身佈滿紅色的斑點，有規則的

排列像波羅紋。

【身長】15～20 公分。

【原產地】南美洲的圭亞那、巴西和亞馬遜河流域。

【雌雄區別】雄魚體色較深，體上帶有金紅色斑點花紋，背鰭較尖長】雌魚身上斑點花紋較少，顏色略淡，腹部隆起。

【飼養難度】較難。

【食性】吃動物性活餌料。

【繁殖方法】卵生，將挑選好的雌魚、雄魚放進缸裏，親魚便會追逐，雌魚產卵，雄魚會立即射精，使卵受精。受精卵經過 60 小時左右可孵化出仔魚。

【繁殖能力】易，1 齡大的金波羅即可繁殖。每對親魚每次可產卵 1000 粒左右，多者可達 2000 粒以上。

【pH】6.5～7.2。

【硬度】9～13。

【水溫】23～28℃。

【放養形式】單養。

【活動區域】中、下層水域。

【特殊要求】發情時，不宜與其他魚共養。

74. 黑波羅　*Cichlasoma severum*

【原產地】南美洲。

【特徵】幼魚身上有數條黑色橫紋，長成後逐漸變成點狀甚至消失。

【身長】15～20 公分。

【原產地】南美洲北部。

【雌雄區別】雄魚體色較深，背鰭較尖長；雌魚身上斑點花紋較少，腹部隆起。

【飼養難度】一般。

【食性】吃動物性活餌料。

【繁殖方法】卵生，將挑選好的雌魚、雄魚放進缸裏，親魚便會追逐，雌魚產卵，雄魚會立即射精，使卵受精。

【繁殖能力】易，每對親魚每次可產卵 1000 粒左右，多者可達 2000 粒以上。

【pH】6.0～7.5。

【硬度】10～14。

【水溫】22～28℃。

【放養形式】單養。

【活動區域】中、下層水域。

【特殊要求】發情時，不宜與其他魚共養。

同類品種還有鑽石波羅。

75. 九間波羅　*Cichlasoma nigrofasciatum*

【特徵】魚體底色為灰色，具有九條橫紋，不過橫紋常常會中斷形成獨特的紋路。

【身長】10～15 公分。

【原產地】洪都拉斯、尼加拉瓜、巴拿馬、隆爾瓦多等水域。

【雌雄區別】雄魚體色較深，背鰭較尖長；雌魚腹部隆起。

【飼養難度】較難。

【食性】吃動物性活餌料。

【繁殖方法】卵生，將挑選好的雌魚、雄魚放進缸裏，親魚追逐產卵、受精。

【繁殖能力】易，每對親魚每次可產卵 800 粒左右。

【pH】6.0～7.5。

【硬度】5～7。

【水溫】22～28℃。

【放養形式】領域性強，會與其他魚發生激烈的爭鬥，宜單養。

【活動區域】中、下層水域。

【特殊要求】嗜食水草，不適宜養在水草缸中。

76. 彩色白獅頭　*Cichlasoma nigrofasciatum*

【特徵】是九間波羅的白化種，經過人工染色而成，有各種不可思議的顏色，在水族箱中五彩繽紛。身體的顏色會隨著時間而逐漸淡掉，習性與九間波羅類似。

【身長】10～15 公分。

【原產地】本種為人工繁殖種，其親本來自洪都拉斯、尼加拉瓜、巴拿馬、隆爾瓦多等水域。

【雌雄區別】雄魚體色較深，背鰭較尖長；雌魚腹部隆起。

【飼養難度】較難。

【食性】肉食性，吃動物性活餌料。

【繁殖方法】卵生，將挑選好的雌魚、雄魚放進缸裏，親魚追逐產卵、受精。

【繁殖能力】易，每對親魚每次可產卵 800 粒左右。

【pH】6.0～7.5。

【硬度】5～7。

【水溫】22～28℃。

【放養形式】領域性強，會與其他魚發生激烈的爭鬥，宜單養。

【活動區域】中、下層水域。

【特殊要求】嗜食水草，不適宜養在水草缸中。

77. 花酋長　*Cichlasoma tetracantbus*

【特徵】體型修長，咖啡色的底色上有黑色斑紋，尾柄與身體有兩個大型眼斑。喜歡有躲藏環境的棲地，才能表現出最美的顏色。

【身長】22～30公分。

【原產地】中美洲。

【雌雄區別】雄魚體色較深，背鰭較尖長；雌魚腹部隆起。

【飼養難度】較難。

【食性】肉食性，吃動物性活餌料。

【繁殖方法】卵生，將挑選好的雌魚、雄魚放進缸裏，親魚追逐產卵、受精。

【繁殖能力】易，每對親魚每次可產卵 600 粒左右。

【pH】7.0～8.5。

【硬度】5～7。

【水溫】23～28℃。

【放養形式】領域性強，宜單養。

【活動區域】中、下層水域。

【特殊要求】嗜食水草，不適宜養在水草缸中。

78. 畫眉魚　*Cichlasoma festivum*

【別名】黑眉魚、花眉魚。

【特徵】體形似金錢豹魚，體幅較寬，背鰭和臀鰭的鰭條後端均尖形，體色淺褐黃色，主要特色是有 1 條黑色條紋達背鰭後端，經眼到背鰭後，像畫眉鳥。

【身長】8～13 公分。

【原產地】亞馬遜河、圭亞那。

【雌雄區別】雄魚背鰭，臀鰭後端尖長，雌魚腹部圓大。

【飼養難度】飼養容易。

【食性】吃動物性活餌料。

【繁殖方法】卵生，將挑選好的雌魚、雄魚放進缸裏，親魚便會追逐，雌魚產卵，雄魚會立即射精，使卵受精。受精卵經過 60 小時左右可孵化出仔魚。

【繁殖能力】易，每對親魚每次可產卵 500～1000 粒。

【pH】6.5～7.2。

【硬度】9～13。

【水溫】24～28℃。

【放養形式】成魚有排斥他魚的行為，最好是同類共養。

【活動區域】中、下層水域。

【特殊要求】在飼養時要留意有啃食水草的惡習。

79. 紅魔鬼魚　*Cichlasoma citrinellum*

【特徵】體色為鮮紅色，魚鰭邊緣部分較鮮豔，飼養狀況不好及過度繁殖的魚體色會較淡，有白斑出現。成魚前

額會隆起，更顯得勇猛威武。

【身長】30～40 公分。

【原產地】中美洲哥斯大黎加、巴西、尼加拉瓜。

【雌雄區別】雄魚體色紅豔，有的頭部隆起體幅較雌魚窄；雌魚體色較淡，腹部膨大。

【飼養難度】較難。

【食性】吃動物性活餌料。

【繁殖方法】卵生，喜歡在水族箱底的砂石中挖洞及搬運小砂石做巢產卵，宜中性偏酸性水質。護卵習性與同科魚相同。

【繁殖能力】易，每對親魚每次可產卵 1000 粒左右。

【pH】6.0～7.5。

【硬度】5～12。

【水溫】22～26℃。

【放養形式】脾氣暴躁，會猛烈地攻擊混養的魚隻，宜單養。

【活動區域】中、下層水域。

【特殊要求】發情時，不宜與其他魚共養。

80. 紫紅火口魚　*Cichlasoma synspihum*

【特徵】土黃色的底色上有黑色噴點分佈，腹部部分暈染著粉紫色，與頭部的紫紅色光澤相映成趣，它是繁殖血鸚鵡的親魚之一。

【身長】20～25 公分。

【原產地】中美洲的瓜地馬拉。

【雌雄區別】雄魚前額較突出，體色紅豔，有的頭部隆

起體幅較雌魚窄；雌魚體色較淡，腹部膨大。

【飼養難度】較易。

【食性】雜食性，愛吃動物性活餌料。

【繁殖方法】卵生，喜歡在水族箱底的砂石中挖洞及搬運小砂石做巢產卵，有護卵習性。

【繁殖能力】易，每對親魚每次可產卵 1000 粒左右。

【pH】6.5～7.2。

【硬度】5～12。

【水溫】22～28℃。

【放養形式】脾氣暴躁，會猛烈地攻擊混養的魚隻，宜單養。

【活動區域】中、下層水域。

【特殊要求】發情時，不宜與其他魚共養。

81. 珍珠火口　*Cichlasoma nicaraguence*

【別名】黃麒麟。

【特徵】下頜到腹部為鮮紅色，特別是威嚇時會將鰓部鼓起，給人強烈的印象，故名「火口」。背鰭和臀鰭末端會隨著飼養時間而延長。

【身長】8～12 公分。

【原產地】南美亞馬遜河。

【雌雄區別】雄魚前額較突出，身上會有較濃郁的黃色；雌魚體色較淡，腹部膨大。

【飼養難度】較易。

【食性】雜食性，愛吃動物性活餌料。

【繁殖方法】卵生，雌魚通常產卵在石塊的光滑面，

有護卵習性。

【繁殖能力】易，每對親魚每次可產卵 400 粒左右。

【pH】6.5～7.2。

【硬度】4～7。

【水溫】23～27℃。

【放養形式】脾氣暴躁，會猛烈地攻擊混養的魚隻，宜單養。

【活動區域】中、下層水域。

【特殊要求】在繁殖期間則有明顯的領域性，不宜與其他魚共養。

82. 德州豹　*Cichlasoma cyanoguttatum*

【別名】德克薩斯魚、德州獅頭、金錢豹。

【特徵】體幅寬闊，頭型大，背鰭、臀鰭末端均尖而長。體色基調灰色，佈滿灰白色、青色小點和斑紋，成魚後半身深灰色上具立體感珠點。

【身長】20～30 公分。

【原產地】美國德州和墨西哥。

【雌雄區別】雄魚頭，身比雌魚大，背鰭臀鰭末端尖長，雌魚腹部豐滿。

【飼養難度】較易。

【食性】肉食性，吃動物性活餌料。

【繁殖方法】卵生，繁殖水箱底鋪砂和光滑石塊，用潔淨老水，將挑選好的雌魚、雄魚放進缸裏，親魚追逐，產卵受精。受精卵經 2 天左右孵出仔魚。

【繁殖能力】易，每對親魚每次可產卵 200～500 粒。

【pH】6.5～7.2。

【硬度】9～13。

【水溫】22～26℃。

【放養形式】屬兇猛魚類，不宜與小型魚混養。

【活動區域】中、下層水域。

【特殊要求】發情時，不宜與其他魚共養。

83. 金錢豹　*Cichlasoma carpinte*

【別名】大獅頭。

【特徵】體呈紡錘形，背鰭基長，體色基調黃褐色，頭背部、鰓蓋和體側有藍黑色大斑，在尾柄末端有1塊鑲邊的圓斑，滿身還有金屬光澤的茶色小點。

【身長】20～30公分。

【原產地】亞馬遜河流域。

【雌雄區別】雄魚大於雌魚，背鰭邊緣出現淡紅色，頭部隆起，體色豔麗。

【飼養難度】較難。

【食性】肉食性，吃動物性活餌料。

【繁殖方法】卵生，選擇雌雄魚常在一起的配對入箱，親魚會追逐，然後產卵受精。

【繁殖能力】易，每對親魚每次可產卵500～1000粒。

【pH】6.9～9.1。

【硬度】9～13。

【水溫】22～28℃。

【放養形式】屬兇猛魚類，愛吃活食，性情暴躁，絕不能與小型魚混養。

【活動區域】中、下層水域。

【特殊要求】發情時，要有水草，水底鋪砂置石。

同類品種還有紅金錢豹。

84. 藍火口魚　*Cichlasoma festae*

【別名】黑帶鯛、橫紋鯛。

【特徵】體橘黃色，具黑色相間的條紋。它在憤怒時呈鮮豔亮麗的橘黃色，黑帶也更明顯，故又稱「黑帶鯛」。

【身長】20～30 公分。

【原產地】南美洲的厄瓜多爾。

【雌雄區別】雄魚的體色鮮明，頭部突出，各鰭的末端伸長。

【飼養難度】飼養容易。

【食性】雜食性，尤愛吃動物性活餌料。

【繁殖方法】卵生，將挑選好的雌魚、雄魚放進缸裡，親魚便會追逐，產卵在岩石和草葉上，只要配對適宜，就可產卵。

【繁殖能力】易，每對親魚每次可產卵 400 粒左右。

【pH】6.5～7.2。

【硬度】9～11。

【水溫】22～28℃。

【放養形式】應避免和其他魚種混合飼養。

【活動區域】中、下層水域。

【特殊要求】水族箱中宜多放隱蔽物。

其他的品種還有紅雲、紅肚鳥嘴等。

85. 血鸚鵡　*Cichlasoma var.*

【別名】血紅鸚鵡。

【特徵】血鸚鵡是紅魔鬼魚的雜交變異種，身短，頭短，背高，腹圓，體幅寬厚。

【身長】10～18 公分。

【原產地】中美洲的尼加拉瓜與哥斯大黎加。

【雌雄區別】雄魚體型較大，體色紅豔，背鰭、臀鰭的末梢尖長；雌魚體型略小，體色略淡，腹部膨大肥圓。

【飼養難度】飼養容易。

【食性】雜食性，貪吃，人工顆粒飼料、薄片、豐年蝦、赤蟲等均攝食。

【繁殖方法】卵生，將挑選好的雌魚、雄魚放進缸裏，親魚便會追逐，產卵在平板或底砂上，受精卵經 1 天半左右孵出仔魚。

【繁殖能力】難，每對親魚雖然每次可產卵 1000 粒左右。但是由於血鸚鵡是紅魔鬼魚和紫紅火口魚的雜交後代，它們產下的卵不是無法孵化就是無法形成正常的胚胎。因此想直接由血鸚鵡來育下一代是不可行的，此時只需要用紅魔鬼魚、紫紅火口魚雜交就可以得到純正的血鸚鵡了。

【pH】6.5～7.1。

【硬度】3～8。

【水溫】25～30℃。

【放養形式】性情溫順，可以混養。

【活動區域】中、下層水域。

【特殊要求】繁殖特殊，需要不同魚的雜交才行。

同類品種還有彩色血鸚鵡、達摩血鸚鵡、白頭翁血鸚

鸚、金剛血鸚鵡、一顆心血鸚鵡、紅白一顆心血鸚鵡、獨角血鸚鵡等。

86. 眼斑鯛　*Cichla ocellaris*

【別名】皇冠三間魚、麗魚、帝王三間。

【特徵】體黃色，有 3 條暗色橫帶，頭大，口大，下頜突出，尾鰭上有 1 個鑲有黃邊大而黑的眼斑，故稱眼斑鯛。

【身長】40～60 公分。

【原產地】南美洲。

【雌雄區別】雌、雄不易辨別，雄魚體型較大，背鰭、臀鰭的末梢尖長；雌魚腹部膨大肥圓。

【飼養難度】飼養容易。

【食性】雜食性，食量驚人，對餌料並不挑剔。

【繁殖方法】卵生，在淺水底部挖洞穴築巢產卵，本身沒有慈鯛魚中明顯的護幼行為。

【繁殖能力】易，每次可產卵 1 萬粒以上。

【pH】6.5～7.5。

【硬度】9～12。

【水溫】22～28℃。

【放養形式】同種間易有噬食情形發生，不可與其他魚混養。

【活動區域】中、下層水域。

【特殊要求】同類相殘，不宜大小魚同時養殖。

87. 孔雀龍魚　*Crenicichla lepidota*

【別名】鱗斑鯛，矛尖魚，長麗魚。

【特徵】體修長呈流線型。背部黃綠色，體側有數條短黑的橫紋，鰓蓋後方和尾部有鑲著金邊或銀邊的黑點。

【身長】20～25 公分。

【原產地】南美洲圭亞那，巴拉圭，烏拉圭。

【雌雄區別】雌、雄魚不易分辨，雄魚體型較大，背鰭、臀鰭的末梢尖長；雌魚體型略小，腹部膨大肥圓。

【飼養難度】飼養容易。

【食性】雜食性，貪吃，偏肉食性。

【繁殖方法】卵生，將挑選好的雌魚、雄魚放進缸裏，可自行配對，然後親魚產卵受精。

【繁殖能力】易，雌魚產卵 500～1000 粒。

【pH】6.7～7.3。

【硬度】6～11。

【水溫】23～27℃。

【放養形式】性情兇暴，小型魚常被吞食，同種間也常互相蠶食，因此不可混養。

【活動區域】中、下層水域。

【特殊要求】宜飼養在大型的水族箱中，多植水草，並放置岩石、流木供其躲藏。

其他的同類品種還有鑽石孔雀龍等。

88. 橘子魚　*Etroplus maculatus*

【別名】金橘、紅橘、亞麗魚、金葉魚。

【特徵】體卵圓形而側扁，背鰭與臀鰭對稱，直達尾

鰭基部，尾鰭扇形，末端微凹。身體金黃色，好像成熟的橘子，故名橘子魚。繁殖期魚體的金色比平時豔麗，雌魚體態豐滿，腹部較雄魚大，雄魚的眼虹膜較雌魚紅豔，雄魚背鰭黃中帶紅雌魚轉淡青色。

【身長】8～10公分。

【原產地】印度、斯里蘭卡的近海內陸水域。

【飼養難度】飼養容易。

【食性】雜食性，既可以吃動物性餌料，又可以吃植物性餌料。

【繁殖方法】卵生，將挑選好的雌魚、雄魚放進缸裏，雌魚喜產卵於黑色石塊上，雌雄親魚均有護卵習性，受精卵3天孵出仔魚。

【繁殖能力】易，橘子魚8～9月齡性成熟，水溫適宜時可常年繁殖，1次可產卵200粒。

【pH】6.5～7.1。

【硬度】8～13。

【水溫】22～28℃。

【放養形式】性情溫順，可以混養。

【活動區域】中、下層水域。

【特殊要求】橘子魚的體色不穩定，常隨環境和飼養條件而變色，喜歡在低鹽度的水中生活，對水質、水溫化敏感，故不宜經常換水。

89. 馬鞍翅魚　*Apistogramma ramirezi*

【別名】矮麗魚、七彩馬鞍魚、七彩鳳魚、蝴蝶鯛。

【特徵】背鰭呈馬鞍狀，尾鰭呈扇形尾。體色為淺紫

藍色，全身佈滿藍色斑點。嘴的上半部為橙紅色，下半部為金黃色，頭部有一條黑色垂直條紋通過眼睛。體側有 5 條黑色垂直條紋，鰓蓋上有藍色發亮的斑點。

【身長】5～8 公分。

【原產地】南美洲的委內瑞拉。

【雌雄區別】雄魚背鰭前緣較尖長，整個背鰭呈馬鞍形，顏色較鮮豔；雌魚背鰭前緣較短而鈍，顏色不如雄魚鮮豔，身體較粗壯。

【飼養難度】飼養容易。

【食性】雜食性，喜食活餌及人工飼料。

【繁殖方法】卵生，挑選出來的雌雄兩魚放入底部應鋪一層洗淨沙子的缸，並放入一個紫砂花盆或表面光滑的大石塊，馬鞍翅魚愛將卵產在這些東西上面。雄魚看護魚卵，受精卵在 36 小時左右孵化。

【繁殖能力】易，一對親魚每次可產卵 200 粒左右。

【pH】6.5～7.4。

【硬度】5～7。

【水溫】22～30℃。

【放養形式】體型小，性和善，可以混養。

【活動區域】下層水域。

【特殊要求】應多種水草，以作為其棲息和躲藏的場所。

90. 七彩短鯛 *Apistogramma agassizii*

【別名】阿凱西短鯛、矮麗魚。

【特徵】尾鰭箭頭狀，外緣白色，變異種和人工培育

的類型較多，如白尾型、藍尾型、紅尾型等。

【身長】8～10公分。

【原產地】瑪瑙斯、桑塔倫至秘魯的亞馬遜河流域。

【雌雄區別】雄魚個體較大，體色較亮麗，背鰭、臀鰭和尾鰭都較雌魚長。

【飼養難度】飼養容易。

【食性】雜食性，喜食活餌及人工飼料。

【繁殖方法】卵生，將成熟的親魚放入準備好的繁殖缸，放入小陶甕或岩石、瓦片，3天內可孵出。

【繁殖能力】易，一對親魚每次可產卵70～150粒。

【pH】5.5～6.5。

【硬度】5～10。

【水溫】24～28℃。

【放養形式】體型小，性和善，可以混養。

【活動區域】上、中、下層水域。

【特殊要求】應多種水草，以作為其棲息和躲藏的場所。

91. 藍珍珠可凱西　*Apistogramma agassizii*

【特徵】藍珍珠阿凱西從鰓蓋到尾基部均有珍珠光澤的藍色斑點，素淨而典雅，別具特色。

【身長】8～12公分。

【原產地】瑪瑙斯、桑塔倫至秘魯的亞馬遜河流域。

【雌雄區別】雄魚個體較大，體色較亮麗，背鰭、臀鰭和尾鰭都較雌魚長。

【飼養難度】飼養容易。

【食性】雜食性，喜食活餌及人工飼料。

【繁殖方法】卵生，將成熟的親魚放入準備好的繁殖缸，放入小陶甕或岩石、瓦片，3天內可孵出。

【繁殖能力】易，一對親魚每次可產卵120～150粒。

【pH】5.5～6.5。

【硬度】5～10。

【水溫】24～28℃。

【放養形式】體型小，性和善，可以混養。

【活動區域】上、中、下層水域。

【特殊要求】應多種水草，以作為其棲息和躲藏的場所。

92. 女王短鯛　*Apistigramma bongsloi*

【特徵】狀況良好的女王短鯛腹部的紅色斑點是最迷人的特徵。

【身長】4～7公分。

【原產地】哥倫比亞。

【雌雄區別】雄魚背鰭與臀鰭末端延伸成鐮刀狀，雌魚體型較小，且為普通黃色。

【飼養難度】飼養容易。

【食性】雜食性，喜食活餌及人工飼料。

【繁殖方法】卵生，將成熟配對的親魚放入準備好的繁殖缸，放入小陶甕或岩石、瓦片，3天內可孵出。

【繁殖能力】易，一對親魚每次可產卵70～100粒。

【pH】5.5～6.5。

【硬度】3～7。

【水溫】25～27℃。

【放養形式】體型小，性和善，可以混養。

【活動區域】上、中、下層水域。

【特殊要求】應多種水草，以作為其棲息和躲藏的場所。

93. 藍袖 *Apistogramma candidi*

【特徵】體型修長，尾部呈矛型，體側有一道黑帶從眼睛後方延伸到尾鰭，腹鰭鰭條的末端會拉長，具有鮮黃色的末端。

【身長】5～9公分。

【原產地】亞馬遜河中段及巴西境內尼格羅河上游。

【雌雄區別】雄魚尾鰭會拉長，雌魚尾鰭成圓形，身材較短。

【飼養難度】飼養容易。

【食性】雜食性，喜食活餌及人工飼料。

【繁殖方法】卵生，將成熟的親魚放入準備好的繁殖缸，放入小陶甕或岩石、瓦片，3天內可孵出。

【繁殖能力】易，一對親魚每次可產卵50～80粒。

【pH】5.6～7.0。

【硬度】5～12。

【水溫】24～28℃。

【放養形式】具有領域性，但體型小，是可以混養的。

【活動區域】上、中、下層水域。

【特殊要求】應多種水草，以作為其棲息和躲藏的場所。

94. 熊貓短鯛　*Apistogramma nijsseni*

【特徵】熊貓短鯛是一種極受歡迎的短鯛。

【身長】5～8公分。

【原產地】秘魯。

【雌雄區別】雄魚的身上帶著淺藍色，而無黑斑，尾鰭紅緣十分明顯。雌魚偏黃色，身上有3塊明顯黑斑，短小圓胖。

【飼養難度】飼養容易。

【食性】雜食性，喜食活餌及人工飼料。

【繁殖方法】卵生，將成熟的親魚放入準備好的繁殖缸，放入小陶甕或岩石、瓦片，3天內可孵出仔魚。

【繁殖能力】易，一對親魚每次可產卵70～150粒。

【pH】5.5～6.5。

【硬度】5～10。

【水溫】24～28℃。

【放養形式】體型小，性和善，可以混養。

【活動區域】上、中、下層水域。

【特殊要求】應多種水草，以作為其棲息和躲藏的場所。

95. 七彩鳳凰魚　*Apistogramma ramirezi*

【別名】荷蘭鳳凰魚、鬱金香。

【特徵】明亮的黃色是它的基本色，鱗邊及各鰭均有極小的青色斑點閃耀著，背鰭前方有四條黑色的棘刺。

【身長】5～7公分。

【原產地】哥倫比亞、委內瑞拉西部。

【雌雄區別】雄魚背鰭前緣較尖長，顏色較鮮豔，腹部會呈現桃紅的婚姻色；雌魚背鰭前緣較短而鈍，顏色不如雄魚鮮豔，身體較粗壯。

【飼養難度】飼養容易。

【食性】雜食性，喜食活餌及人工飼料。

【繁殖方法】卵生，挑選出來的雌雄兩魚放入底部已鋪一層洗淨沙子的缸，放入一個紫砂花盆或表面光滑的大石塊，雌魚將卵產在這些東西上面。雄魚看護魚卵，受精卵在 36 小時左右孵化。

【繁殖能力】易，一對親魚每次可產卵 200 粒左右。

【pH】6.5～7.4。

【硬度】5～7。

【水溫】25～28℃。

【放養形式】體型小，性和善，可以混養。

【活動區域】上、中、下層水域。

【特殊要求】應多種水草，以作為其棲息和躲藏的場所。

96. 玻利維亞鳳凰　*Apistogramma ramirezi*

【別名】七彩番王魚。

【特徵】體型較大，灰黃的體色，鱗邊有不規則的黑點，尾鰭呈琴狀，最讓人喜愛的是紅鰭。

【身長】8～10 公分。

【原產地】玻利維亞。

【雌雄區別】雄魚背鰭前緣較尖長，顏色較鮮豔；雌魚背鰭前緣較短而鈍，顏色不如雄魚鮮豔。

【飼養難度】飼養容易。

【食性】雜食性，喜食活餌及人工飼料。

【繁殖方法】卵生，挑選出來的雌雄兩魚放入底部應鋪一層洗淨沙子的缸，放入一個紫砂花盆或表面光滑的大石塊，雌魚產卵，受精卵在 36 小時左右孵化。

【繁殖能力】易，一對親魚每次可產卵 200～400 粒。

【pH】6.2～7.1。

【硬度】5～7。

【水溫】23～26℃。

【放養形式】體型小，性和善，可以混養。

【活動區域】上、中、下層水域。

【特殊要求】應多種水草，以作為其棲息和躲藏的場所。

97. 棋盤鳳凰　*Julidochromis marlievri*

【別名】花鳳凰。

【特徵】體側有黑白交錯的格子狀棋盤花紋，魚鰭外緣泛著金屬藍色光澤，屬於領域性較強的魚種。

【身長】13～16 公分。

【原產地】非洲坦干伊喀湖。

【雌雄區別】雄魚背鰭前緣較尖長，顏色較鮮豔；雌魚背鰭前緣較短而鈍，顏色不如雄魚鮮豔。

【飼養難度】飼養容易，飼養時宜選取黑色部位較多的魚隻為主。

【食性】雜食性，喜食活餌及人工飼料。

【繁殖方法】卵生，挑選出來的雌雄兩魚放入底部已

鋪一層洗淨沙子的缸，雌魚產卵，受精卵在 36 小時左右孵化。

【繁殖能力】易，一對親魚每次可產卵 150 粒左右。

【pH】7.4～9.0。

【硬度】7～10。

【水溫】20～24℃。

【放養形式】領域性強，不宜混養。

【活動區域】下層水域。

【特殊要求】避免將水族箱放置於日光直射處。

同類品種還有虎斑鳳凰。

98. 酋長短鯛   *Apistogramma bitaenita*

【特徵】體修長，背鰭硬棘 10 根。眼至尾部有 1 條暗色縱帶，縱帶靠近背鰭處有胭脂色的鱗片，鰓蓋上有藍色斑點。

【身長】8～12 公分。

【原產地】瑪瑙斯、秘魯及哥倫比亞等地。

【雌雄區別】成熟的雄魚背鰭有 10 條硬棘，伸展開時非常威武，背鰭、臀鰭和尾鰭都較雌魚長。而雌魚則不明顯。

【飼養難度】飼養容易。

【食性】雜食性，喜食活餌。

【繁殖方法】卵生，將成熟的親魚放入準備好的繁殖缸，放入小陶甕或岩石、瓦片，3 天內可孵出。

【繁殖能力】易，雌魚一次可產卵 40～60 粒。

【pH】5.4～7.0。

【硬度】3～10。

【水溫】24～28℃。

【放養形式】體型小，性和善，可以混養。

【活動區域】上、中、下層水域。

【特殊要求】應多種水草或在箱底覆蓋細砂，以作為其棲息和躲藏的場所。

99. 鳳尾短鯛 *Apistogramma cacatuoides*

【特徵】有厚的唇和鑲有暖色碎斑的雙叉尾。雄魚背鰭棘6根，背鰭的末端和尾鰭分佈著橘紅色的斑點。

【身長】6～7公分。

【原產地】哥倫比亞境內的亞馬遜河流域，秘魯。

【雌雄區別】雄魚個體較大，體色較亮麗，背鰭、臀鰭和尾鰭都較雌魚長。

【飼養難度】飼養容易。

【食性】雜食性，喜食活餌及人工飼料。

【繁殖方法】卵生，將成熟的親魚放入準備好的繁殖缸，放入小陶甕或岩石、瓦片，3天內可孵出。

【繁殖能力】易，一對親魚每次可產卵70～80粒。

【pH】5.5～6.5。

【硬度】5～10。

【水溫】24～27℃。

【放養形式】體型小，性和善，可以混養。

【活動區域】上、中、下層水域。

【特殊要求】喜密植的水草缸。

100. 非洲王子魚　*Labidochromis caeruleus*

【特徵】鮮黃的豔色特別容易成為目光的焦點，背鰭有一道深黑的條紋。

【身長】8～12 公分。

【原產地】非洲馬拉威湖。

【雌雄區別】雄魚臀鰭變尖且長。

【飼養難度】十分容易。

【食性】雜食性。

【繁殖方法】口孵性魚類，雌魚會在雄魚挖掘的產卵巢產卵，再將受精卵含在口中並離開產卵巢，最好能單獨讓雌魚在水族箱中孵卵。

【繁殖能力】容易，雌魚一次可產卵 250 粒左右。

【pH】7.5～8.5。

【硬度】5～12。

【水溫】18～28℃。

【放養形式】個性溫和，適合與其他慈鯛科魚類混養。

【活動區域】上、中、下層水域。

【特殊要求】需準備有底砂的水族箱供親魚產卵。

101. 非洲國王　*Labinocbromis caeruleus*

【特徵】是非洲王子的改良種，原本檸檬黃的顏色更加飽和，背鰭與臀鰭上的黑邊消失無蹤，整體而言更加鮮豔。

【身長】8～13 公分。

【原產地】非洲馬拉威湖。

【雌雄區別】雄魚臀鰭變尖且長。

【飼養難度】十分容易。

【食性】雜食性。

【繁殖方法】口孵性魚類，雌魚會在雄魚挖掘的產卵巢產卵，再將受精卵含在口中並離開產卵巢，最好能單獨讓雌魚在水族箱中孵卵。

【繁殖能力】容易，雌魚一次可產卵 280 粒左右。

【pH】7.5～8.5。

【硬度】5～12 。

【水溫】18～28℃。

【放養形式】個性溫和，適合混養。

【活動區域】上、中、下層水域。

【特殊要求】需準備有底砂的水族箱供親魚產卵。

102. 雪鯛　*Labidochromis sp.*

【特徵】體純白，眼紅色，雄魚臀鰭有白色至紅色的斑點。

【身長】10～14 公分。

【原產地】非洲馬拉威湖。

【雌雄區別】雄魚在臀鰭有白色至黃色的卵斑。

【飼養難度】飼養容易。

【食性】雜食性，但對植物性或薄片類的餌料需求較高，可餵以人工飼料。

【繁殖方法】口孵性魚類，雌魚會在雄魚挖掘的產卵巢產卵，再將受精卵含在口中並離開產卵巢，最好能單獨讓雌魚在水族箱中孵卵。

【繁殖能力】易，雌魚一次可產卵 200 粒左右。

【pH】7.3～8.4。

【硬度】14度以上。

【水溫】23～28℃。

【放養形式】個性溫和，適合與其他慈鯛種魚類混養。

【活動區域】上、中、下層水域。

【特殊要求】需準備有底砂的水族箱供親魚產卵。

103. 花鯛　*Labidocbromis exasperatus*

【別名】花雀。

【特徵】體色上有斑斕的花色。

【身長】9～13公分。

【原產地】非洲馬拉威湖。

【雌雄區別】雄魚在臀鰭有白色至黃色的卵斑。

【飼養難度】飼養容易。

【食性】雜食性，刮食藻類。

【繁殖方法】口孵性魚類，雌魚會在雄魚挖掘的產卵巢產卵，再將受精卵含在口中並離開產卵巢，最好能單獨讓雌魚在水族箱中孵卵。

【繁殖能力】易，雌魚一次可產卵300粒左右。

【pH】7.4～8.4。

【硬度】7.5～20。

【水溫】18～28℃。

【放養形式】個性溫和，適合與其他慈鯛科魚類混養。

【活動區域】上、中、下層水域。

【特殊要求】要定期換水，喜歡有岩石的生活環境。

104. 彩虹鯛　*Labidochromis flavigulis*

【特徵】體色有一條彩虹帶。

【身長】7～11 公分。

【原產地】非洲馬拉威湖。

【雌雄區別】雄魚在臀鰭有卵斑。

【飼養難度】飼養容易。

【食性】藻食性，因此在人工飼養環境下可以餵食蔬菜以及藻類人工飼料。

【繁殖方法】口孵性魚類，雌魚在產卵受精後，將受精卵含在口中孵卵。

【繁殖能力】易，雌魚一次可產卵 200 粒左右。

【pH】7.3～8.3。

【硬度】9～12。

【水溫】20～28℃。

【放養形式】不適合與其他小型魚類混養。

【活動區域】上、中、下層水域。

【特殊要求】喜歡棲息於滿布岩石的環境。

105. 藍帝提燈　*Ophthalmotilapia ventralis*

【特徵】具有細長延伸的腹鰭，鰭尾端呈亮黃色，體色呈淡淡的粉藍色。

【身長】12～15 公分。

【原產地】非洲馬拉威湖。

【雌雄區別】雄魚成熟後體表的藍色會更加濃郁，腹鰭末端的顏色也會隨之加深。

【飼養難度】飼養容易。

【食性】雜食性，但仍以動物性食物為主。

【繁殖方法】口孵性魚類，借腹鰭尾端作成卵誘使雄魚射精，雌魚在產卵受精後，將受精卵含在口中孵卵。

【繁殖能力】易，雌魚一次可產卵 200 粒左右。

【pH】7.8～8.6。

【硬度】12～23。

【水溫】23～28℃。

【放養形式】不適合與其他小型魚類混養。

【活動區域】上、中、下層水域。

【特殊要求】喜歡礁岩及沙質的水域環境。

106. 神仙魚　*pterophyllum eimekei*

【別名】天使魚、燕魚、小鰭帆魚、燕子魚。

【特徵】體高而薄，呈菱形，背、腹、臀鰭均長，極度側扁，體色銀白，體側有幾道黑色的橫紋，華麗大方，如蝶形。

【身長】10～15 公分。

【原產地】亞馬遜河、圭亞那等南美地區。

【雌雄區別】雄魚額頭較雌魚高大。身體也較強大；雌魚較小，腹部隆起。輸卵管較粗。

【飼養難度】易。

【食性】雜，活餌及人工飼料都吃。

【繁殖方法】沉性卵，雌、雄魚自然配對，將配好對的親魚移到繁殖缸，放入光滑瓦片或塑膠板（傾斜 45°）作為產卵床。親魚打掃完產卵床，便開始產卵，親魚護卵孵幼。卵 2～3 天就會孵化。

【繁殖能力】較易，每次可產卵 300～800 粒。

【pH】6.7～7.3。

【硬度】5～8。

【水溫】24～28℃。

【放養形式】性情溫和，可以和其他品種的熱帶魚混養，也可以單獨飼養。但不能與虎皮魚混養，因為虎皮魚經常啃咬神仙魚的臀鰭和尾鰭。

【活動區域】上、中、下水層。

【特殊要求】飼養在較大型的魚缸裏，同時應種植大型水草，最好能使神仙魚每天接受幾小時的光照。

現已不斷改良出不同的種類，主要有白神仙、黑神仙魚、灰神仙、黑白神仙（陰陽神仙）、紗尾雲神仙魚、銀神仙、金神仙魚、斑馬神仙、藍神仙魚、玻璃神仙、熊貓神仙、鑽石神仙魚、紅眼金神仙魚、長吻神仙、珍珠鱗金神仙魚等。

107. 埃及神仙 *pterophyllum altum*

【特徵】眼睛上方凹陷，吻端突出，體表呈銀白色，有三條寬厚的黑帶平行貫穿。埃及神仙和普通神仙最大的差別在於他的背線在鼻孔上方突然陡升，其最大體長可達 18 公分。

【身長】10～15 公分。

【原產地】南美奧利諾科河的中游及其支流 。

【雌雄區別】在繁殖期的雌魚體型會較肥厚。

【飼養難度】易。

【食性】雜，可餵以活餌、萵苣、菠菜、及薄片飼料

等。

【繁殖方法】沉性卵，雌、雄魚自然配對，將配好對的親魚移到繁殖缸，放入光滑瓦片或塑膠板（傾斜45°）作為產卵床。親魚打掃完產卵床，便開始產卵，親魚護卵孵幼。

【繁殖能力】較易，每次可產卵250～600粒。

【pH】6.0～7.2。

【硬度】3～6。

【水溫】28～30℃。

【放養形式】是一類具領域性的魚種，宜單獨飼養。

【活動區域】上、中、下水層。

【特殊要求】飼養在較大型的魚缸裏，同時應種植大型水草，最好能使神仙魚每天接受幾小時的光照。

108. 黑神仙魚　*pterophyllum scalare*

【別名】黑燕、墨燕。

【特徵】這是神仙魚的變異種，經人工選育穩定了遺傳性狀。體型與神仙魚相似，鰭翅鰭形較寬短，如燕似蝶，全身墨黑，有的黑神仙魚，在尾鰭基部出現一條垂直透明的方格，非常美觀別致。

【身長】10～15公分。

【原產地】亞馬遜河、圭亞那等南美地區。

【雌雄區別】雄魚額頭較雌魚高大。身體也較強大；雌魚較小，腹部隆起。輸卵管較粗。

【飼養難度】易。

【食性】雜，活餌及人工飼料都吃。

【繁殖方法】沉性卵，雌、雄魚自然配對，將配好對的親魚移到繁殖缸，放入光滑瓦片或塑膠板（傾斜 45°）作為產卵床。親魚打掃完產卵床，便開始產卵，親魚護卵孵幼。

【繁殖能力】較易，每次可產卵 300～800 粒。

【pH】6.7～7.3。

【硬度】5～8 。

【水溫】24～28℃ 。

【放養形式】性情溫和，可以和其他品種的熱帶魚混養，也可以單獨飼養。但不能與虎皮魚混養，因為虎皮魚經常啃咬黑神仙魚的臀鰭和尾鰭。

【活動區域】上、中、下水層。

【特殊要求】飼養在較大型的魚缸裏，同時應種植大型水草，最好能使黑神仙魚每天接受幾小時的光照。

109. 大理石神仙　*Pterophyllum scalare*

【特徵】其體表黑白體紋交錯不定，有如大理石橫切面的紋路，所以稱之為大理石神仙。此魚乃當前臺灣最常見的神仙魚改良種，有長短尾型的個體，是挺受愛好者青睞的品種。

【身長】10～15 公分。

【原產地】亞馬遜河、圭亞那等南美地區。

【雌雄區別】雄魚額頭較雌魚高大。身體也較強大；雌魚較小，腹部隆起。輸卵管較粗。

【飼養難度】易。

【食性】雜，活餌及人工飼料都吃。

【繁殖方法】沉性卵，雌、雄魚自然配對，將配好對的親魚移到繁殖缸，放入光滑瓦片或塑膠板（傾斜 45°）作為產卵床。親魚打掃完產卵床，便開始產卵，親魚護卵孵幼。

【繁殖能力】較易，每次可產卵 600 粒左右。

【pH】5.6～7.8。

【硬度】2～7。

【水溫】26～31℃。

【放養形式】性情溫和，可以和其他品種的熱帶魚混養。

【活動區域】上、中、下水層。

【特殊要求】飼養在較大型的魚缸裏，同時應種植大型水草，最好能使神仙魚每天接受幾小時的光照。

110. 五彩神仙魚　*Symphysodon discus*

【別名】五彩燕魚、紅神仙魚、奶子魚、盤麗魚、鐵餅魚。

【特徵】體側扁而近圓盤形，有點像體育用具的鐵餅，故名鐵餅魚。尾鰭呈扁形，背鰭與臀鰭從鰓蓋後端一直達尾柄基部。魚體底色為深褐色，身體每側有 8～9 條黑色豎紋，眼眶為黑色。尾鰭與背鰭後半部的邊緣均為乳白色與橙紅色斑點。

【身長】18～21 公分。

【原產地】南美洲的巴西。

【雌雄區別】雄魚個體較雌魚大，花色鮮明。

【飼養難度】比較困難。

【食性】喜食水蚯蚓，孑孓，魚蟲等天然餌料。

【繁殖方法】沉性卵，當雌魚腹部突出物較長時，可將平時常在一起的一對移入產箱，並放入闊葉水草，它們產卵受精後，4～5天後孵出仔魚。

【繁殖能力】較難，一年可繁殖多次，每對親魚每次可產卵300粒左右，多者可達800粒以上。

【pH】6.5～7.5。

【硬度】3～6。

【水溫】24～29℃。

【放養形式】性情溫和，適宜與其他品種的神仙魚混養，但它同時性格也孤僻，不愛群居，不認夥伴，最好還是將五彩神仙魚單獨飼養在一個缸裏。

【活動區域】上、中、下水層。

【特殊要求】安靜，怕驚擾，飼養水箱宜大，闊葉水草要多。

111. 七彩神仙魚 *Symphysodon aequifasciata*

【別名】七彩燕魚。

【特徵】棕色魚體配上淡藍彩虹色，獨特的圓盤體形、豔麗的色彩、高雅的姿態，受到了廣大觀賞魚愛好者的喜愛。

【身長】15～20公分。

【原產地】南美洲的委內瑞拉、巴西、圭亞那境內亞馬遜河。

【雌雄區別】雄魚體型較大，頭部較高，背鰭有拖尾；雌魚體型較小，背鰭、尾鰭較圓而小，腹部較膨脹。

【飼養難度】難。

【食性】雜食性，但愛吃新鮮動物餌料。

【繁殖方法】沉性卵，讓種魚自行配對，移入繁殖缸，每天換 1/3～1/4 的水，七彩神仙魚喜歡在安靜的環境下產卵，產卵受精結束後，親魚孵卵，2～3 天後可孵出魚苗。

【繁殖能力】較難，一次可產卵 100～500 粒不等。

【pH】6.2～7.1。

【硬度】3～6。

【水溫】25～30℃。

【放養形式】雖然性情溫和，但最好還是單獨飼養。

【活動區域】上、中、下水層。

【特殊要求】特別害怕水污染，因此必須充分過濾且定期換水，保證優質的水環境。

七彩神仙魚品種很多，一般分為九大品系，其中原種 4 種：即黑格爾七彩神仙、棕色七彩神仙或叫褐色七彩神仙魚、綠七彩神仙、藍七彩神仙；人工育種 5 種：即育種條紋藍綠七彩神仙、育種純藍綠七彩神仙、育種紅藍綠七彩神仙、育種紅色型七彩這神仙、雜交品種及無法分類型七彩神仙。

112. 豬仔魚　*Astronauts ocellatus*

【別名】地圖魚、花豬、血紅豬、紅豬、黑豬魚、星麗魚、尾星魚。

【特徵】體色多變，深褐色的底色上有紅色鮮豔的鱗片，形成特殊的形狀，猶如一幅地圖，所以又稱為「地圖魚」。成熟的魚，尾柄部出現紅黃色邊緣的大黑點，狀如

眼睛，可作保護色和誘敵色，使其他魚分不清前後而不能逃走。

【身長】25～30 公分。

【原產地】巴拉圭、圭亞那、委內瑞拉及亞馬遜河上游。

【雌雄區別】雌雄鑑別較難。性成熟期後，雄魚身體略瘦小，頭部隆起，體表斑塊及花紋較多，較豔麗，背鰭、臀鰭尖長；雌魚較雄魚肥壯，體色略淡，腹部隆起。

【飼養難度】易。

【食性】動物食性，生性貪食，食量大，喜歡食魚蝦。

【繁殖方法】沉性卵，自然配對後，在大石塊或大瓦片上產卵，產卵結束後，親魚照料魚卵，卵 2～3 天孵化。

【繁殖能力】易，每次可產卵 1000～5000 粒。

【pH】5.5～6.5。

【硬度】5～7。

【水溫】25～28℃。

【放養形式】不可與其他小型魚混養，喜食魚蝦，嘴特別大，見較小的魚會一口吞下。

【活動區域】下層水域。

【特殊要求】應飼養在不鋪底沙的大型魚缸裏。

地圖魚有許多變種，如金豬、血豬、紅眼碧玉豬、長尾花豬等。

113. 三角鯛 *Uaru amphiac anthoides*

【別名】黑雲魚。

【特徵】體暗藍色，眼睛為古銅色，體側從中央至尾

柄有三角形的黑帶而稱為三角鯛；黑帶形似空中雲彩而稱為黑雲魚。

【身長】20～25 公分。

【原產地】亞馬遜河，圭亞那。

【雌雄區別】雄魚背、臀鰭稍長，顏色更鮮豔。

【飼養難度】容易飼養。

【食性】雜食性。

【繁殖方法】沉性卵，配對合適後，在水族箱中產卵，仔魚需吃親魚體表分泌的黏液，較不容易照顧。

【繁殖能力】較難，每次可產卵 600 粒左右。

【pH】6.5～7.5。

【硬度】8～13。

【水溫】25～28℃。

【放養形式】性情較溫和，可以和其他魚混養。

【活動區域】中、下層水域。

【特殊要求】對水質較敏感，也嗜食水草，需特別注意。

114. 棋盤鯛　*Dicrossus filamentosus*

【特徵】體修長，全身排列著一格一格的黑斑紋，猶如棋盤。

【身長】6～8 公分。

【原產地】尼格羅河，奧利諾科河及亞馬遜河水域。

【雌雄區別】雄魚成熟後尾鰭如絲般拖長，長度可達體長的一半，體表閃耀著青、紅色的金屬光澤。

【飼養難度】容易飼養。

【食性】雜食性。

【繁殖方法】沉性卵,繁殖時應準備 1 個密生寬葉水草的水族箱,配對合適後,它們會把卵產在葉片上,由雌魚照顧卵,卵經 2～3 天孵化。

【繁殖能力】較難,每次可產卵 100～150 粒。

【pH】6.5～7.3。

【硬度】7～10。

【水溫】23～30℃。

【放養形式】性情溫和,可以和其他魚混養。

【活動區域】中、下層水域。

【特殊要求】適合與水草共養。

115. 皇冠棋盤鯛　*Dicrossus maculates*

【特徵】皇冠棋盤鯛與棋盤鯛同屬,體型和棋盤鯛很像。雄魚身上除了明顯的棋盤標誌外,身體及各鰭還點綴紅藍相間的斑紋,色澤鮮豔,十分美麗。

【身長】8～10 公分。

【原產地】亞馬遜河水域。

【雌雄區別】雄魚成熟後尾鰭如絲般拖長,長度可達體長的一半,體表閃耀著青、紅色的金屬光澤。

【飼養難度】容易飼養。

【食性】雜食性。

【繁殖方法】沉性卵,繁殖時應準備 1 個密生寬葉水草的水族箱,配對合適後,它們會把卵產在葉片上,由雌魚照顧卵,卵經 2～3 天孵化。

【繁殖能力】較難,每次可產卵 80 粒左右。

【pH】6.2～7.0。

【硬度】6～8。

【水溫】24～28℃。

【放養形式】性情溫和，可以和其他魚混養。

【活動區域】中、下層水域。

【特殊要求】對水質的變化不能適應。宜飼養在有水草的水族箱中。

116. 西洋棋盤鯛　*Crenicara filamentosa*

【別名】絲鰭凹頭鯛。

【特徵】全身隨處可見紅色和藍色的斑點，體型較美。

【身長】9～13 公分。

【原產地】亞馬遜河水域。

【雌雄區別】雄魚尾鰭細長如琴尾狀，頭部至尾柄有黑色斑點，雌魚尾鰭短，身上有兩排連續的黑點。

【飼養難度】容易飼養。

【食性】雜食性，喜歡活餌，也吃人工餌料。

【繁殖方法】黏性卵，產卵在岩石或草葉上，由雌魚照顧卵，卵經 2～3 天孵化。

【繁殖能力】較難，每次可產卵 60～200 粒的黏性卵。

【pH】6.0～7.3。

【硬度】7～10。

【水溫】24～26℃。

【放養形式】性情溫和，最好單獨飼養。

【活動區域】中、下層水域。

【特殊要求】對水質的變化不能適應。宜飼養在有水

草的水族箱中。

117. 非洲鳳凰　*Melanochromis auratus*

【別名】黃線鳳凰、九間鳳凰魚。

【特徵】雌魚與幼魚的體色為黃白底色上帶有黑色平行橫紋，雄魚則是墨藍色體色上帶有白色橫紋，發情時身體顏色會變得更加強烈。

【身長】10～20公分。

【原產地】非洲馬拉威湖。

【雌雄區別】雄魚黑色，體型瘦長，體中央有1條藍色縱帶，雌魚土黃色，體較粗壯，腹部膨大。

【飼養難度】容易飼養。

【食性】雜食性，喜食活餌。

【繁殖方法】口孵性魚，雌雄魚產卵受精後，由雌魚含在口中孵育，兩星期左右小魚能游動。

【繁殖能力】易，雌魚每次可產卵30～60粒。

【pH】8.0～8.5。

【硬度】9.0～19。

【水溫】18～28℃。

【放養形式】性情溫和，可以和其他魚混養。

【活動區域】上、中、下層水域。

【特殊要求】需要水草。

118. 阿里魚　*Haplochromis ahli*

【特徵】長嘴狀的臉型是它的主要特徵，成熟後呈金屬藍色，閃閃發光，非常美麗。

【身長】13～15 公分。

【原產地】非洲馬拉威湖。

【雌雄區別】雄魚背鰭和臀鰭呈尖形，背鰭有發亮的白色雲帶，雌魚體色灰黃，背鰭也沒有白色雲帶，雌魚個體較小。

【飼養難度】十分容易。

【食性】雜食性。

【繁殖方法】口孵性魚。由雌魚含在口中孵育，兩星期左右小魚能游動，雌魚在孵育期間必須絕食以保護小魚，充分表現「慈母」的偉大情懷。

【繁殖能力】容易，雌魚一次可產卵 30～60 粒。

【pH】7.5～8.5。

【硬度】8～14。

【水溫】23～27℃。

【放養形式】個性溫和，適合混養。

【活動區域】中、下層水域。

【特殊要求】用珊瑚砂或貝殼砂作為底床，需防阿里吞吃自己的魚卵。

119. 長尾阿里　*Haplochromis ahli var.*

【特徵】長嘴狀的臉型是它的主要特徵，尾鰭明顯延長，是很有特色的改良品種。

【身長】20～25 公分。

【原產地】非洲馬拉威湖。

【雌雄區別】雄魚背鰭和臀鰭呈尖形，背鰭有發亮的白色雲帶，雌魚體色灰黃，背鰭也沒有白色雲帶，雌魚個體

較小。

【飼養難度】十分容易。

【食性】雜食性。

【繁殖方法】口孵性魚。由雌魚含在口中孵育，兩星期左右小魚能游動，雌魚在孵育期間必須絕食以保護小魚。

【繁殖能力】容易，雌魚一次可產卵 30～60 粒。

【pH】7.5～8.5。

【硬度】9～12。

【水溫】18～28℃。

【放養形式】個性溫和，適合混養。

【活動區域】中、下層水域。

【特殊要求】用珊瑚砂或貝殼砂作為底床，需防魚吞吃自己的魚卵。

120. 藍眼白金阿里　*Haplochromis ahli var.*

【特徵】是阿里的改良種之一。吻部較阿里長，體色為白金光澤，體型略小於阿里。

【身長】14～18 公分。

【原產地】非洲馬拉威湖。

【雌雄區別】雄魚背鰭和臀鰭呈尖形，背鰭有發亮的白色雲帶，雌魚體色灰黃，背鰭也沒有白色雲帶，雌魚個體較小。

【飼養難度】十分容易。

【食性】雜食性。

【繁殖方法】口孵性魚。由雌魚含在口中孵育，兩星期左右小魚能游動，雌魚在孵育期間必須絕食以保護小

魚。

【繁殖能力】容易，雌魚一次可產卵 30～60 粒。

【pH】7.5～8.5。

【硬度】9～12。

【水溫】18～28℃。

【放養形式】個性溫和，適合混養。

【活動區域】中、下層水域。

【特殊要求】用珊瑚砂或貝殼砂作為底床，需防魚吞吃自己的魚卵。

121. 藍王子 *Haplochromis chrysonotus*

【特徵】色澤與阿里類似，但是阿里顯得比較修長。背鰭與臀鰭邊緣呈現出乳黃色。

【身長】8～12 公分。

【原產地】非洲馬拉威湖。

【雌雄區別】雄魚背鰭、臀鰭變尖且長。

【飼養難度】十分容易。

【食性】雜食性。

【繁殖方法】口孵性魚類，由雌魚含在口中孵育，兩星期左右小魚能游動，雌魚在孵育期間必須絕食以保護小魚。

【繁殖能力】容易，雌魚一次可產卵 30～50 粒。

【pH】8.0～8.5。

【硬度】9～19。

【水溫】18～28℃。

【放養形式】個性溫和，適合混養。

【活動區域】上、中、下層水域。

【特殊要求】用珊瑚砂或貝殼砂作為底床。

122. 紫水晶 *Haplochromis electra*

【別名】電光單色鯛、深水鯛、藍閃電。

【特徵】幼魚有紫色金屬光澤，眼下方以及身體前方有黑色的橫帶，性成熟後的雄魚擴散為全身的縱帶。

【身長】15～20公分。

【原產地】非洲馬拉威湖。

【雌雄區別】成熟後的雄魚縱帶是全身型的，而且隨成熟會逐漸加深，雌魚則僅在頭部分佈。

【飼養難度】飼養容易。

【食性】雜食性，以人工飼料為主。

【繁殖方法】口孵性魚類，由雌魚含在口中孵育，兩星期左右小魚能游動。

【繁殖能力】容易，雌魚一次可產卵20～40粒。

【pH】8.0～8.5。

【硬度】10～19。

【水溫】18～28℃。

【放養形式】個性溫和，適合混養。

【活動區域】上、中、下層水域。

【特殊要求】用珊瑚砂或貝殼砂作為底床。

123. 七彩天使魚 *Haplochromis brouwnnae*

【特徵】體黃褐色，體側有數條不規則的橫帶，頭部有數條黑色條紋。

【身長】10～12公分。

【原產地】東非維多利亞湖。

【雌雄區別】成熟雄魚的背鰭和尾鰭鮮紅色，臀鰭有卵斑，體鮮黃色。

【飼養難度】飼養容易。

【食性】雜食性，可餵食人工飼料。

【繁殖方法】口孵魚，雄魚利用卵斑，引誘雌魚到達產卵處，雌魚產下卵，立即將魚卵一一銜入口中，同時將雄魚射出的精液吞入口中，讓口中的魚卵得以受精。

【繁殖能力】易，雌魚一次可產卵 60～100 粒。

【pH】8.0～8.5。

【硬度】10～17。

【水溫】24～28℃。

【放養形式】個性溫和，適合混養。

【活動區域】上、中、下層水域。

【特殊要求】水族箱避免放在傾斜或不平的場所。

同類的品種還有黃金天使、白金天使、九〇天使、七彩帝王天使、火鳥等。

124. 藍天使　*Haplochromis nyassae*

【特徵】體色為電光藍色，不過在頭部後方以及胸鰭帶有強烈的橘色，橙黃色的卵斑也十分顯眼，飼養狀況良好的話，尾鰭以及背鰭會顯露出深紅色斑紋。

【身長】12～16 公分。

【原產地】非洲馬拉威湖。

【雌雄區別】成熟雄魚的背鰭和尾鰭鮮紅色，臀鰭有卵斑，體鮮黃色。

【飼養難度】飼養容易。

【食性】雜食性，可餵食人工飼料。

【繁殖方法】口孵魚，雄魚利用卵斑，引誘雌魚到達產卵處，雌魚產下卵並將魚卵銜入口中，同時將雄魚射出的精液吞入口中，讓口中的魚卵得以受精。

【繁殖能力】易，雌魚一次可產卵 60～100 粒。

【pH】7.5～8.0。

【硬度】7～20。

【水溫】18～28℃。

【放養形式】個性溫和，適合混養。

【活動區域】上、中、下層水域。

【特殊要求】水族箱照明要適度，若水族箱照明太弱會產生褐色的藻，過強又會產生綠色青苔和藻類。

125. 太陽神魚　*Haplochromis obliquidens*

【特徵】體型酷似七彩天使，上半部以及尾鰭有鮮豔的紅色，身體其他部分則泛著綠色的光澤，但體側黑色橫帶有明顯規則。

【身長】13～15 公分。

【原產地】東非維多利亞湖。

【雌雄區別】成熟雄魚散發金色帶綠色的光芒，臀鰭有卵斑。

【飼養難度】飼養容易。

【食性】雜食性，可餵食人工飼料。

【繁殖方法】口孵魚，雄魚利用卵斑，引誘雌魚到達產卵處，雌魚產下卵，立即將魚卵一一銜入口中，同時將

雄魚射出的精液吞入口中，讓口中的魚卵得以受精。

【繁殖能力】易，雌魚一次可產卵 100～150 粒。

【pH】7.5～8.0。

【硬度】9～20。

【水溫】23～28℃。

【放養形式】個性溫和，適合混養。

【活動區域】上、中、下層水域。

【特殊要求】需飼養在 90 公分以上的岩石造景缸。

126. 酷斯拉　*Haplochromis incola*

【特徵】最近才新發現的魚種，特殊的名稱是強調此魚身型修長，與帶有藍色金屬光澤的外表，從頭部穿至尾部的黑色縱斑更顯得氣勢十足。

【身長】19～23 公分。

【原產地】東非維多利亞湖。

【雌雄區別】雄魚色彩豔麗，臀鰭有卵斑。

【飼養難度】飼養容易。

【食性】雜食性，愛捕食無脊椎動物以及昆蟲為食。

【繁殖方法】口孵魚，雄魚引誘雌魚產卵，雌魚立即將魚卵銜入口中，同時將雄魚射出的精液吞入口中，讓口中的魚卵得以受精。

【繁殖能力】易，雌魚一次可產卵 200～300 粒。

【pH】8.0～8.5。

【硬度】9～19。

【水溫】18～28℃。

【放養形式】個性溫和，適合混養。

【活動區域】上、中、下層水域。

【特殊要求】生活在水草茂密的造景缸中。

127. 紫紅六間　*Haplochromis milomo*

【特徵】唇部會隨著年紀增長而逐漸變厚，淺藍色的身體上有六道黑色的橫斑與一道縱斑，狀況良好的魚身體後半部的鱗片與鰭的末端會呈現漂亮的紫紅色。

【身長】17～22 公分。

【原產地】非洲馬拉威湖。

【雌雄區別】成魚發情時，雄魚色彩豔麗，雌魚腹部膨大。

【飼養難度】容易飼養。

【食性】雜食性，愛吃浮游生物。

【繁殖方法】口孵性魚，雌雄魚產卵受精後，由雌魚含在口中孵育。

【繁殖能力】易，雌魚每次可產卵 20～50 粒。

【pH】8.0～8.5。

【硬度】9.0～20。

【水溫】22～28℃。

【放養形式】性情溫和，可以和其他魚混養。

【活動區域】中、下層水域。

【特殊要求】需要水草。

128. 皇帝魚　*Aulonocara baenschi*

【特徵】幼魚體色暗淡，性成熟後變成鮮明的黃色，頭部和頰部青藍色。

【身長】12～15 公分。

【原產地】非洲馬拉威湖。

【雌雄區別】雄魚體色表現得更突出豔麗，雌魚則不如雄魚般具有觀賞價值，且腹部膨大。

【飼養難度】飼育容易。

【食性】雜食性，喜食活餌。

【繁殖方法】口孵，雌雄魚產卵受精後，由雌魚含在口中孵育，兩星期左右小魚能游動。

【繁殖能力】易，雌魚 1 次可含卵 10～40 粒。

【pH】7.5～8.3。

【硬度】9～12。

【水溫】23～28℃。

【放養形式】性情溫和，可以和其他魚混養。

【活動區域】上、中、下層水域。

【特殊要求】需要水草。

129. 孔雀石鯛　*Aulonocara nyassae*

【別名】非洲孔雀魚。

【特徵】孔雀石鯛是非洲慈鯛中體型最美、最受歡迎的一種。幼魚亦有美麗的顏色。雄魚的藍色較深。

【身長】12～17 公分。

【原產地】非洲馬拉威湖。

【雌雄區別】成熟的雄魚身上長出 10 條橫紋，雌魚體色近似褐色，毫無華麗的美感。

【飼養難度】飼養容易。

【食性】雜食性，以浮游生物為主食。

【繁殖方法】口孵魚，雄魚會在底砂上挖 1 個淺洞，然後引誘雌魚來此產卵，雄魚即刻使之受精，接著雌魚把受精卵含在嘴裏。

【繁殖能力】較難，雌魚每次產 40～60 粒卵。

【pH】7.5～8.3。

【硬度】9～12。

【水溫】24～27℃。

【放養形式】可混養。

【活動區域】上、中層水域。

【特殊要求】口孵時不能打擾雌魚。

130. 流星鯛 *Chilotilapia rhoadesii*

【特徵】屬於中大型慈鯛，吻部寬大，有吞食小魚的習性。身體呈流線狀，在金屬藍的天空出現一抹黃色。

【身長】35～45 公分。

【原產地】非洲馬拉威湖。

【雌雄區別】成熟的雄魚身上點點流星則是臀鰭上的卵斑，雌魚體色近似褐色。

【飼養難度】飼養容易。

【食性】雜食性，以浮游生物為主食。

【繁殖方法】口孵魚，雄魚會在底砂上挖 1 個淺洞，然後引誘雌魚來此產卵，雄魚即刻使之受精，接著雌魚把受精卵含在嘴裏。

【繁殖能力】較難，雌魚每次產 30～50 粒卵。

【pH】7.5～8.5。

【硬度】9～12。

【水溫】18～28℃。

【放養形式】可混養。

【活動區域】上、中層水域。

【特殊要求】口孵時不能打擾雌魚。

同類品種還有帝王鯛。

131. 帝王豔紅魚 *Aulonocara jacobfreibergi*

【別名】豔紅。

【特徵】雄性成魚體呈青、黃、紅三色相間，各鰭末端有複雜的斑紋。

【身長】12～17 公分。

【原產地】非洲馬拉威湖。

【雌雄區別】雄魚具明顯的婚姻色，雌魚則沒有。

【飼養難度】飼養容易。

【食性】雜食性，以浮游生物為主食。

【繁殖方法】口孵魚，雄魚會在底砂上挖 1 個淺洞，然後引誘雌魚來此產卵，雄魚即刻使之受精，接著雌魚把受精卵含在嘴裏。

【繁殖能力】較難，雌魚每次產 40～60 粒卵。

【pH】7.7～8.3。

【硬度】9～12。

【水溫】23～27℃。

【放養形式】可混養。

【活動區域】上、中、下層水域。

【特殊要求】雄魚性格非常暴躁，常將配對的雌魚殺死，在繁殖時要特別小心。

132. 維納斯魚 *Nimbocbromis venustus*

【別名】金星。

【特徵】幼魚體色平凡，類似乳牛狀斑紋，但是長成後頭部帶有寶藍色的光澤，背部為金黃色，與幼魚截然不同。

【身長】25～30 公分。

【原產地】非洲馬拉威湖。

【雌雄區別】成熟雄魚腹側為藍色，背鰭、尾鰭和頭部閃爍著強烈的黃色光芒，雌魚則沒有什麼改變。

【飼養難度】飼養容易。

【食性】肉食性，以活物為主食，但人工飼料也能適應。

【繁殖方法】口孵魚，雄魚會在底砂上挖 1 個淺洞，然後引誘雌魚來此產卵，雄魚即刻使之受精，接著雌魚把受精卵含在嘴裏。

【繁殖能力】較難，雌魚每次產 40～60 粒卵。

【pH】7.2～8.8。

【硬度】10～18。

【水溫】18～28℃。

【放養形式】不可與小魚混養。

【活動區域】上、中、下層水域。

【特殊要求】口孵時不能打擾雌魚。

133. 血豔紅魚 *Copadichromis trimaculatus*

【別名】阿里紅。

【特徵】頭部類似阿里般閃耀著金屬藍，身體部分則

是一片鮮紅色，如此強烈的對比特別具有觀賞價值。雖然和豔紅不同屬，但體形和顏色類似，故稱為血豔紅。

【身長】20～23 公分。

【原產地】非洲馬拉威湖。

【雌雄區別】雄魚頭金屬藍色，其他部位呈豔麗的紅褐色。雌魚無彩色。

【飼養難度】容易飼養。

【食性】雜食性，喜食活餌。

【繁殖方法】口孵性魚，雌雄魚產卵受精後，由雌魚含在口中孵育，約兩星期小魚能游動。

【繁殖能力】易，雌魚每次可產卵 20～40 粒。

【pH】7.4～8.0。

【硬度】7.5～18。

【水溫】23～28℃。

【放養形式】性情溫和，可以和其他魚混養。

【活動區域】上、中、下層水域。

【特殊要求】偏好岩石造景的環境。

134. 馬面魚　*Haplochromis compressiceps*

【特徵】體扁平，體側有兩條直條紋，吻部特長。

【身長】23～26 公分。

【原產地】非洲馬拉威湖。

【雌雄區別】雄魚體色呈銀黃色，背鰭、臀鰭鑲有紅邊，雌魚則全身呈銀色。

【飼養難度】容易。

【食性】肉食性，好食小魚、小蝦。

【繁殖方法】口孵魚，雄魚往往選擇一塊平石作為繁殖的場所。雌魚產下幾粒卵，即將魚卵含入口中，隨後讓雄魚受精。

【繁殖能力】易，雌魚每次可產卵 30～50 粒。

【pH】7.8～8.7。

【硬度】7.5～18。

【水溫】22～28℃。

【放養形式】單養。

【活動區域】中、下層水域。

【特殊要求】水族箱要避免離自來水和電源太遠。

135. 紅馬面　*Haplochromis fuscotaeniatus*

【特徵】與同屬的馬面都具有突出的吻部，不過身體的藍色更為強烈，有不規則的白色雲斑，尾鰭與臀鰭呈鮮紅色，鮮黃的眼睛色彩有畫龍點睛的效果。

【身長】20～25 公分。

【原產地】非洲馬拉威湖。

【雌雄區別】雄魚體色呈銀黃色，背鰭、臀鰭鑲有紅邊，雌魚則全身呈銀色。

【飼養難度】容易。魚兒若經常將鼻子露出水面，表示水質變壞。

【食性】肉食性，好食小魚、小蝦。

【繁殖方法】口孵魚，雄魚往往選擇一塊平石作為繁殖的產所。雌魚產下幾粒卵，即將魚卵含入口中，隨後讓雄魚受精。

【繁殖能力】易，雌魚每次可產卵 20～40 粒。

【pH】7.5～8.5。

【硬度】9.0～12。

【水溫】18～28℃。

【放養形式】個性兇猛，宜單養。

【活動區域】中、下層水域。

【特殊要求】水族箱要避免離自來水和電源太遠。

136. 白金馬面　*Haplochromis compressiceps*

【別名】花花公子。

【特徵】紡錘型的身體弧度非常美麗，突出的吻部也很有特色，特別是這種帶有白金光澤，異常美麗。

【身長】22～27 公分。

【原產地】非洲馬拉威湖。

【雌雄區別】雄魚背鰭、臀鰭鑲有紅邊，雌魚全身呈銀色。

【飼養難度】容易。

【食性】肉食性，好食小魚、小蝦。

【繁殖方法】口孵魚，雄魚往往選擇一塊平石作為繁殖的產所。雌魚產下幾粒卵，即將魚卵含入口中，隨後讓雄魚受精。

【繁殖能力】易，雌魚每次可產卵 50～80 粒。

【pH】8.0～8.5。

【硬度】9～19。

【水溫】18～28℃。

【放養形式】會用突出的吻部啄食其他魚的眼睛，只能單養。

【活動區域】中、下層水域。

【特殊要求】水族箱要避免離自來水和電源太遠。

137. 閃電王子魚 *Pseudotropheus elongatus*

【特徵】小型慈鯛，藍色體色上帶有黑色的橫帶。

【身長】10～12公分。

【原產地】非洲馬拉威湖。

【雌雄區別】成熟的雄魚色彩對比強烈，雌魚則沒有。

【飼養難度】飼養容易。

【食性】雜食性，偏食藻類，可餵人工飼料。

【繁殖方法】口孵魚，雌魚產下幾粒卵，即將魚卵含入口中，隨後讓雄魚受精。

【繁殖能力】易，雌魚每次可產卵30～50粒。

【pH】7.5～8.5。

【硬度】9～12。

【水溫】18～28℃。

【放養形式】閃電王子具有領域性，最好單養。

【活動區域】中、下層水域。

【特殊要求】宜飼養在佈滿岩石的水族箱中。

138. 黃金閃電 *Pseudotropheus zebra*

【特徵】柔和的淡藍體色上有不明顯的條紋，背鰭與尾鰭有閃亮的橘紅色光澤。

【身長】9～11公分。

【原產地】非洲馬拉威湖。

【雌雄區別】雄魚的背鰭與尾鰭有閃亮的橘紅色光澤，

色彩對比強烈，雌魚則有金黃色的卵斑。

【飼養難度】飼養容易。

【食性】雜食性，偏食藻類。

【繁殖方法】口孵魚，雌魚產下幾粒卵，即將魚卵含入口中，隨後讓雄魚受精。

【繁殖能力】易，雌魚每次可產卵 30～50 粒。

【pH】8.0～8.5。

【硬度】9～17。

【水溫】23～28℃。

【放養形式】具有領域性，最好單養。

【活動區域】中、下層水域。

【特殊要求】宜飼養在佈滿岩石的水族箱中。

139. 黃金七間　*Pseudotropheus lanisticola*

【特徵】金黃色的體色上有七道深色的橫紋，體色容易因為驚嚇變淡。

【身長】11～14 公分。

【原產地】非洲馬拉威湖。

【雌雄區別】雄魚的背鰭與尾鰭有光澤，雌魚則有金黃色的卵斑。

【飼養難度】飼養容易。

【食性】雜食性，偏食藻類。

【繁殖方法】口孵魚，雌魚產下幾粒卵，即將魚卵含入口中，隨後讓雄魚受精。

【繁殖能力】易，雌魚每次可產卵 30～50 粒。

【pH】8.0～9.0。

【硬度】9～19。

【水溫】20～28℃。

【放養形式】具有領域性，最好單養。

【活動區域】中、下層水域。

【特殊要求】宜飼養在佈滿岩石的水族箱中。

140. 紅翅白馬王子　*Pseudotropheus elegans*

【特徵】白化品種，雲白的身體配上橘紅的背鰭與鮮黃的卵斑，潔靜美麗。

【身長】12～15 公分。

【原產地】非洲馬拉威湖。

【雌雄區別】雄魚的背鰭與尾鰭有光澤，雌魚有卵斑。

【飼養難度】飼養容易。

【食性】雜食性，偏食藻類。

【繁殖方法】口孵魚，雌魚產下幾粒卵，即將魚卵含入口中，隨後讓雄魚受精。

【繁殖能力】易，雌魚每次可產卵 30～50 粒。

【pH】8.0～9.0。

【硬度】9～17。

【水溫】23～28℃。

【放養形式】具有領域性，最好單養。

【活動區域】中、下層水域。

【特殊要求】宜飼養在佈滿岩石的水族箱中。

141. 彩色玫瑰　*Pseudotropbeus elegans sp.*

【特徵】是紅翅白馬王子的人工改良品種，體色呈現

螢光夢幻般的粉色光澤。

【身長】11～15公分。

【原產地】非洲馬拉威湖。

【雌雄區別】雄魚的背鰭與尾鰭有閃亮的橘紅色光澤，色彩對比強烈，雌魚則有金黃色的卵斑。

【飼養難度】飼養容易。

【食性】雜食性，偏食藻類。

【繁殖方法】口孵魚，雌魚產下幾粒卵，即將魚卵含入口中，隨後讓雄魚受精。

【繁殖能力】易，雌魚每次可產卵20～40粒。

【pH】8.0～9.0。

【硬度】9～19。

【水溫】18～28℃。

【放養形式】個性溫和，適合同種混養。

【活動區域】中、下層水域。

【特殊要求】宜飼養在密植水草的水族箱中。

142. 雪中紅　*Pseudotropbeus zebra*

【別名】血紅。

【特徵】人為育種的成功範例之一。因為野生湖域所產雄魚多是藍色，紅色系的雄魚非洲稀少，經過數代的人工培育已經固定此品系，在水族市場很受歡迎。

【身長】12～15公分。

【原產地】非洲馬拉威湖。

【雌雄區別】雄魚的背鰭與尾鰭有光澤，雌魚有卵斑。

【飼養難度】飼養容易。

【食性】雜食性，偏食藻類。

【繁殖方法】口孵魚，雌魚產下幾粒卵，即將魚卵含入口中，隨後讓雄魚受精。

【繁殖能力】易，雌魚每次可產卵 30～50 粒。

【pH】8.0～9.0。

【硬度】9～19。

【水溫】18～28℃。

【放養形式】可以混養。

【活動區域】中、下層水域。

【特殊要求】宜飼養在密植水草的水族箱中。

143. 斑馬雀魚　*Pseudotropbeus lombardoi*

【別名】金雀魚、金黃鯛、紅彩虹。

【特徵】雄魚成熟後呈現金黃色與褐色的橫帶，不同於雌魚與幼魚的藍色，因此常被誤認為是不一樣的品種。

【身長】13～15 公分。

【原產地】非洲馬拉威湖。

【雌雄區別】成體雄魚黃色，雌魚淡藍色，體側有 6 條橫帶，臀鰭有卵斑。

【飼養難度】飼養容易。

【食性】雜食性，以浮游生物為主食，水族箱中可餵一般人工飼料。

【繁殖方法】口孵魚，雄魚會在底砂上挖 1 個淺洞，然後引誘雌魚來此產卵，雄魚即刻使之受精，接著雌魚把受精卵含在嘴裏。

【繁殖能力】較難，雌魚每次產 40～60 粒卵。

【pH】7.5～8.5。

【硬度】9～12。

【水溫】23～28℃。

【放養形式】可混養。

【活動區域】上、中層水域。

【特殊要求】口孵時不能打擾雌魚。

同類品種還有黃金斑馬。

144. 黃金蝴蝶　*Pseudotropbeus bajomay*

【特徵】白化種，整體感覺比較偏乳黃色，眼後呈現金黃色。

【身長】11～14 公分。

【原產地】非洲馬拉威湖。

【雌雄區別】成體雄魚淺黃色至淡白色，臀鰭有卵斑。

【飼養難度】飼養容易。

【食性】雜食性，可餵一般人工飼料。

【繁殖方法】口孵魚，雄魚會在底砂上挖 1 個淺洞，然後引誘雌魚產卵，雄魚使卵受精，接著雌魚把受精卵含在嘴裏孵化。

【繁殖能力】較難，雌魚每次產 40～60 粒卵。

【pH】8.0～8.5。

【硬度】10～20。

【水溫】19～28℃。

【放養形式】可混養。

【活動區域】上、中層水域。

【特殊要求】口孵時不能打擾雌魚。

同類品種還有藍蝴蝶。

145. 七彩仙子　*Pseudocrenilabrus multicolor*

【特徵】體型嬌小但色彩極為豔麗，頭部呈金黃色，體側及各鰭佈滿了紅藍相間的花紋，背鰭有黑色的鑲邊。

【身長】6～8公分。

【原產地】維多利亞湖及附近河川。

【雌雄區別】雄魚的背鰭與尾鰭有光澤，色彩對比強烈，雌魚個體較小，色彩較差。

【飼養難度】飼養容易。

【食性】雜食性，偏食藻類。

【繁殖方法】口孵魚，雌魚產下幾粒卵，即將魚卵含入口中，隨後讓雄魚受精。雌魚會在口中孵化，不食不眠，這時將雄魚撈出。

【繁殖能力】易，雌魚每次可產卵50～70粒。

【pH】8.0～8.5。

【硬度】9～17。

【水溫】24～28℃。

【放養形式】可混養。

【活動區域】上、中層水域。

【特殊要求】宜飼養在佈滿水草的水族箱中。

同類的品種還有彩虹仙子。

146. 藍茉莉魚　*Cyrtocara moorii*

【特徵】成熟的魚前額會明顯地隆起，在馬拉威湖這是很少見的現象。唇部亦會往上翹，亦是主要的特徵。體

色為柔和的藍色系。

【身長】20～25 公分。

【原產地】非洲馬拉威湖。

【雌雄區別】雌雄均為藍色，雌、雄魚之間的色彩並無太大的差異，都有不具光澤的明亮藍色，唯一的區別是雄魚的額頭較雌魚凸出。

【飼養難度】飼養容易。

【食性】雜食性，以浮游生物為主食，水族箱中可餵一般人工飼料。

【繁殖方法】口孵魚，雄魚引誘雌魚產卵，並立即使卵受精，接著雌魚把受精卵含在嘴裡孵化。

【繁殖能力】較難，雌魚每次產 30～50 粒卵。

【pH】7.2～8.7。

【硬度】9～13。

【水溫】18～28℃。

【放養形式】可混養。

【活動區域】上、中層水域。

【特殊要求】口孵時不能打擾雌魚。

147. 花小丑魚 *Labeotropheus fuelleborni*

【特徵】體色有黃、橘紅和藍色不等。幼魚頭型似斑馬雀魚，成體吻部的肉質增厚，因此有小丑之稱。臀鰭具有卵圓般的花紋。

【身長】11～14 公分。

【原產地】非洲馬拉威湖。

【雌雄區別】成體雄魚黃色，雌魚淡色，臀鰭有卵斑。

【飼養難度】飼養容易。

【食性】雜食性，喜食石頭上的青苔。

【繁殖方法】口孵魚，雌魚產卵，雄魚即刻使之受精，接著雌魚把受精卵含在嘴裏孵化。

【繁殖能力】較難，雌魚每次產 40～60 粒卵。

【pH】7.6～8.7。

【硬度】13～23。

【水溫】23～28℃。

【放養形式】具有攻擊性，不可混養。

【活動區域】上、中、下層水域。

【特殊要求】強烈光線會使水族箱容易滋生藻類。

148. 藍小丑 *Labeotropheus fuelleborni*

【特徵】有多種不同的體色，均是人工繁殖的結果。上頜突出類似「鼻子」，整體感覺渾圓，因此得名，尾鰭以及背鰭邊緣為黃色，身上為淡藍色具有數條橫紋，頭部則呈現較深的藍色。

【身長】13～17 公分。

【原產地】非洲馬拉威湖。

【雌雄區別】成體雄魚黃色，雌魚淡色，臀鰭有卵斑。

【飼養難度】飼養容易。

【食性】雜食性，喜食石頭上的青苔。

【繁殖方法】口孵魚，雌魚產卵，雄魚即刻使之受精，接著雌魚把受精卵含在嘴裏孵化。

【繁殖能力】較難，雌魚每次產 50～70 粒卵。

【pH】7.5～8.5。

【硬度】9～12。

【水溫】23～28℃。

【放養形式】具有攻擊性，不可混養。

【活動區域】上、中、下層水域。

【特殊要求】強烈光線會使水族箱容易滋生藻類。

149. 藍波魚　*Cyathopharynx furcifer*

【別名】帝王藍波魚。

【特徵】全身散發深藍色的底色，背鰭及臀鰭外緣噴淋著黃色斑點，體色會隨著陽光而產生變化。

【身長】18～20 公分。

【原產地】東非坦干伊喀湖。

【雌雄區別】雄魚散發出深藍色，延長的腹鰭末端有亮眼的色斑。雌魚灰白色無斑。

【飼養難度】飼養難度高。

【食性】喜食水中的浮游植物。

【繁殖方法】口孵魚，成熟的雄魚守著由口做出的產卵巢，利用腹鰭拖長的「假卵」，引誘雌魚產卵。雌魚隨即將卵含在口裏，雄魚靠近巢底進行射精並展露其酷似魚卵的黃色斑點，雌魚吞食精液，使先前所吞下的卵受精。

【繁殖能力】極難，雌魚 1 次可產 10 個卵左右。

【pH】7.8～8.5。

【硬度】2～6。

【水溫】24～29℃。

【放養形式】有非常明顯的領域性，避免與其他魚種混養。一般在產卵處 30～50 公分範圍內都不允許別的魚出

現。

【活動區域】下層水域。

【特殊要求】在水位較深的水族箱中飼養會有較佳的體色。

150. 皇冠六間魚　*Cyphotilapia frontosa*

【特徵】淡藍的體色上有明顯粗黑的橫紋，部分地區的雄魚前額會隆起，搭配厚唇與延長的鰭，更顯得氣勢驚人。橫帶橫穿眼睛。全身有 6～7 條黑色粗橫帶。

【身長】30～40 公分。

【原產地】非洲坦干伊喀湖。

【雌雄區別】雌、雄魚顏色相似，但雄魚額頭較大且突出，腹鰭 2 條較長。

【飼養難度】容易飼養。

【食性】雜食性，適應人工飼料。

【繁殖方法】口孵魚，雄魚先將精液產於巢中，而雌魚將卵產於精液上受精後，再將受精卵含入口中孵化。

【繁殖能力】較困難，雌魚每次可產卵數十粒。

【pH】7.5～8.3。

【硬度】9～12。

【水溫】24～28℃。

【放養形式】性情溫和，動作緩慢而優雅，適合與其他中大型慈鯛甚至龍魚混養。

【活動區域】上、中、下層水域。

特殊要求】需要細砂質的水底。

同類品種還有藍六間、蒲隆地藍六間、坦桑尼亞藍六

間。

151. 紅六間　*Cyphotilapia frontosa*

【特徵】體色偏紅，橫紋不明顯，符合喜愛紅色系消費者的胃口，因此奇貨可居。

【身長】35～40 公分。

【原產地】非洲坦干伊喀湖。

【雌雄區別】雌、雄魚顏色相似，但雄魚額頭較大且突出，腹鰭 2 條較長。

【飼養難度】容易飼養。

【食性】雜食性，適應人工飼料。

【繁殖方法】口孵魚，雄魚先將精液產於巢中，而雌魚將卵產於精液上受精後，再將受精卵含入口中孵化。

【繁殖能力】較困難，雌魚每次可產卵數十粒。

【pH】7.5～8.3。

【硬度】9～12。

【水溫】24～28℃。

【放養形式】性情溫和，適合與其他中大型魚混養。

【活動區域】上、中、下層水域。

【特殊要求】需要細砂質的水底。

152. 黃線鯛　*Julidochromis regani*

【別名】柳絮鯛、黃紋鳳凰魚、鳳凰魚。

【特徵】體黃色，延長成紡錘形，體側有黑色條紋，各鰭外緣閃爍藍色光芒。

【身長】12～15 公分。

【原產地】東非坦干伊喀湖。

【雌雄區別】從外表難分雌、雄，可於大水族箱內任其自然配對。

【飼養難度】飼養容易。

【食性】雜食性，可食活餌及人工飼料。

【繁殖方法】卵生，繁殖時會找一處隱蔽的洞穴，將卵產於洞穴中，親魚護卵並保護稚魚。

【繁殖能力】易，雌魚一次可產卵 100～150 粒。

【pH】7.5～8.0。

【硬度】9～20。

【水溫】24～29℃。

【放養形式】具地域性，不適合混養。

【活動區域】上、中、下層水域。

【特殊要求】需飼養在 90 公分以上高度的岩石造景缸中。

153. 藍劍鯊魚　*Cyprichromis leptosoma*

【別名】黃尾藍劍鯊。

【特徵】因雜交等多種因素形成多種形態，體色豔麗多彩。常見的尾鰭呈黃色，體淡褐色，背鰭和臀鰭深藍色。

【身長】10～11 公分。

【原產地】東非坦干伊喀湖。

【雌雄區別】雄魚色彩豔麗，臀鰭有卵斑。

【飼養難度】飼養較難。

【食性】雜食性，以浮游生物為食，可餵以人工飼料。

【繁殖方法】口孵魚，雌魚產卵後將魚卵銜入口中，

同時將雄魚射出的精液吞入口中，讓口中的魚卵得以受精。

【繁殖能力】較難，雌魚一次可產卵 60～80 粒。

【pH】7.5～8.3。

【硬度】9～17。

【水溫】24～29℃。

【放養形式】個性溫和，適合混養。

【活動區域】中、下層水域。

【特殊要求】需飼養在細砂質的水族箱中。

154. 藍翼藍珍珠魚　*Cyprichromis nigripinnis*

【特徵】體細長，口具小齒和咽頭齒。

【身長】9～11 公分。

【原產地】東非坦干伊喀湖。

【雌雄區別】成熟的雄魚具有橙黃的體色，各鰭會有明顯的延長，而在體側會有金屬光澤的斑點，雌魚個體極似藍劍鯊。

【飼養難度】飼養較易。

【食性】雜食性，主要攝取小型浮游生物為食，人工飼養可投餵赤蟲或其他生物餌料。

【繁殖方法】口孵魚，雌魚產卵受精後將魚卵銜入口中孵化。

【繁殖能力】較難，雌魚一次可產卵 40～70 粒。

【pH】6.5～7.3。

【硬度】4～9。

【水溫】24～29℃。

【放養形式】不適合混養。

【活動區域】中、下層水域。

【特殊要求】需飼養在細砂質的水族箱中。

155.珍珠雀魚　*Neolamprologus tetraccantus*

【別名】四棘鯛。

【特徵】身體有縱向的珍珠色排列整齊的小斑點，是此魚的特色。成長後前額會逐漸隆起。因分佈區域不同至少有 3 個亞種，最常見的是背鰭鑲有黑色的邊，其次為黑色鑲邊，而紅色鑲邊的最少見。

【身長】17～22 公分。

【原產地】東非坦干伊喀湖。

【雌雄區別】雄魚色彩豔麗。

【飼養難度】飼養容易。

【食性】肉食性魚。

【繁殖方法】卵生。繁殖時會找一處隱蔽的洞穴，將卵產於洞穴中，親魚護卵並保護稚魚。

【繁殖能力】容易，雌魚一次可產卵 100～600 粒。

【pH】8.0～9.0。

【硬度】5～25。

【水溫】24～29℃。

【放養形式】具有領域性，須注意混養的魚種。

【活動區域】中、下層水域。

【特殊要求】需飼養在鋪設細砂質的水族箱中。

156.五間半魚　*Lamprologus tretcephalus*

【特徵】身體有明顯的五道黑色橫帶，兩眼間也有黑

色斑紋，整體呈現出淡青色。

【身長】12～15 公分。

【原產地】東非坦干伊喀湖。

【雌雄區別】雄魚臀鰭有明顯的延長，各魚鰭閃爍著藍色光芒，而且全身呈淡青色。

【飼養難度】飼養較易。

【食性】雜食性，主要攝取小型浮游生物為食，人工飼養可投餵赤蟲或其他生餌。

【繁殖方法】黏性卵，以一雄魚搭配數條雌魚為宜，等雌雄雙方產卵受精後，約 3 天內孵出，親魚共同照顧幼魚。

【繁殖能力】較難，雌魚一次可產卵 250～300 粒。

【pH】7.5～8.0。

【硬度】9～12。

【水溫】18～28℃。

【放養形式】性情粗暴，不適合混養，若需混養也宜選擇大型的魚。

【活動區域】中、下層水域。

【特殊要求】需飼養在佈滿岩石的水族箱中。

157. 黃天堂鳥魚　*Lamprologus leleupilongior*

【特徵】體呈鮮豔的黃色。

【身長】9～11 公分。

【原產地】東非坦干伊喀湖。

【雌雄區別】雄魚成熟後體色明顯轉暗，但眼睛下緣的藍線會更加明顯。

【飼養難度】飼養較易。

【食性】雜食性，主要攝取小型浮游生物為食。

【繁殖方法】卵生，同種間有互相追咬情形，很難配對成功，等雌雄雙方產卵受精後，約 3 天內孵出，親魚共同照顧幼魚。

【繁殖能力】較難，雌魚一次可產卵 40～70 粒。

【pH】6.5～7.3。

【硬度】4～9。

【水溫】24～28℃。

【放養形式】是領域性極強的慈鯛，不適合混養。

【活動區域】中、下層水域。

【特殊要求】須飼養在大型魚缸中，魚缸換水量不可以超過 1/2，最好是 1/3，再由乾淨的水補滿。

158. 藍九間 *Lamprologus cylrndricus*

【特徵】優美的白色線條，體側具有 8～9 條茶褐色的橫帶，各魚鰭均泛著金屬藍色。

【身長】10～15 公分。

【原產地】非洲坦干伊喀湖。

【雌雄區別】雄魚成熟後體色明顯轉暗，但眼睛下緣的藍線會更加明顯。

【飼養難度】較難飼養。

【食性】肉食性，愛吃鮮活的小魚和浮游動物。

【繁殖方法】口孵魚，雌魚產卵後，雄魚將卵受精後，雌魚再將受精卵含入口中孵化。

【繁殖能力】較困難，雌魚每次可產卵數十粒。

【pH】7.0～7.8。

【硬度】9～12。

【水溫】22～27℃。

【放養形式】性情較為兇猛，不宜混養。

【活動區域】中、下層水域。

【特殊要求】宜飼養於以岩石佈景的水族箱中。

159. 女王燕尾魚　*Lamprologus bricbarde*

【別名】仙女鯛、精靈鯛。

【特徵】體淡米黃色，各鰭外緣閃爍青白色光澤。尾鰭呈七弦琴狀。

【身長】9～10 公分。

【原產地】東非坦干伊喀湖。

【雌雄區別】成熟的雄魚面頰部分有較濃郁複雜的花紋，個體通常較雌魚小些。

【飼養難度】飼養容易。

【食性】雜食性，有挖掘底砂的習性。

【繁殖方法】採用平抬式產卵，成熟配對的種魚，可連續產卵，當魚卵孵出仔魚時，便又進行下一次的產卵，且幼魚之間不會互相殘食。

【繁殖能力】易，雌魚一次可產卵 100～150 粒。

【pH】8.0～9.0。

【硬度】9～19。

【水溫】24～29℃。

【放養形式】可與其他魚混養，但應該要避免與體型過大的魚種混養。

【活動區域】上、中、下層水域。

【特殊要求】宜使用較大型的水族箱飼養。

160. 白金燕尾魚　*Lamprologus brichardi albino*

【特徵】為女王燕尾魚的白化種，體乳白色，眼赤紅，各鰭橙黃。帶有淡淡的粉紅種又名為水仙燕尾。

【身長】9～10公分。

【原產地】東非坦干伊喀湖。

【雌雄區別】雄魚面頰部分有較濃郁複雜的花紋，個體通常較雌魚小些。

【飼養難度】飼養容易。

【食性】雜食性，有挖掘底砂的習性。

【繁殖方法】採用平抬式產卵，成熟配對的種魚，可連續產卵，當魚卵孵出仔魚時，便又進行下一次的產卵，且幼魚之間不會互相蠶食。

【繁殖能力】易，雌魚一次可產卵100～150粒。

【pH】7.8～8.7。

【硬度】12～21。

【水溫】24～29℃。

【放養形式】可與其他魚混養，但應該要避免與體型過大的魚種混養。

【活動區域】上、中、下層水域。

【特殊要求】喜好棲息於礁岩環境，宜使用較大型的水族箱飼養。

161. 黃金燕尾魚　*Lamprologus daffodil*

【特徵】是白金燕尾魚的變異種，鱗和眼四周呈黃色，

眼睛藍色。

【身長】9～10公分。

【原產地】東非坦干伊喀湖。

【雌雄區別】雄魚有鮮豔複雜的花紋，個體通常較雌魚小些。

【飼養難度】飼養容易。

【食性】雜食性，可食人工飼料。

【繁殖方法】採用平抬式產卵，成熟配對的種魚，可連續產卵孵化。

【繁殖能力】易，雌魚一次可產卵300～500粒。

【pH】8.0～9.0。

【硬度】9～19。

【水溫】24～29℃。

【放養形式】可與其他魚混養，但應該要避免與體型過大的魚種混養。

【活動區域】上、中、下層水域。

【特殊要求】宜使用較大型的水族箱飼養。

同類品種還有黃帆燕尾、紅格燕尾、金嘟嘟等。

162. 非洲十間　*Tilapia buttikoferi*

【別名】布氏鯛。

【特徵】魚體以青白色為基底，有8條黑色縱帶均勻地環繞其上。幼魚階段非常可愛，成年後黑色體色逐漸加深。

【身長】28～35公分。

【原產地】非洲西部。

【雌雄區別】雄魚臀鰭突化成交接器。

【飼養難度】飼養容易。

【食性】雜食性，不挑餌。

【繁殖方法】口孵魚，雌雄魚配對成功後，雌魚產卵，雄魚完成受精工作，然後雌魚把受精卵吸入口中孵化。

【繁殖能力】易，雌魚一次可產卵 80～100 粒。

【pH】8.0～9.0。

【硬度】9～19。

【水溫】22～28℃。

【放養形式】可與其他魚混養。

【活動區域】上、中、下層水域。

【特殊要求】宜使用較大型的水族箱飼養。

163. 紅肚鳳凰魚　*Pelvicachromis pulcher*

【別名】紫鯛、鳳凰魚、鳳凰麗魚、紅肚魚。

【特徵】體細長，腹部略染紅暈，求偶繁殖期紅色更豔，因而得名紅肚鳳凰，體軸上有 1 暗色縱紋，鰓蓋有花紋，色彩又分為綠、紅、黃各色。

【身長】8～10 公分。

【原產地】非洲喀麥隆境內和尼日利亞南部。

【雌雄區別】雄魚體形略大於雌魚，背鰭、臀鰭略長而尖，腹部顏色略鮮豔；雌魚腹部膨大，體色略淺。

【飼養難度】易於飼養。

【食性】食性雜，喜食水蚤等活餌，亦吃人工飼料。

【繁殖方法】卵生，雌魚將卵產於洞穴中，受精卵經 36 小時孵出仔魚。

【繁殖能力】易，雌魚一次可產卵 200～300 粒。

【pH】6.5～7.4。

【硬度】8～12。

【水溫】24～28℃。

【放養形式】群居性較強，性情溫和，可以同其他中小型溫和型魚類異種同群飼養。

【活動區域】在水底層活動覓食。

【特殊要求】需要水草。

164．藍玉鳳凰　*Pelvicachromis pulcher sp.*

【別名】藍獅頭、藍寶石魚。

【特徵】魚體長卵形，較側扁，頭吻部較鈍，眼大，頭頂微隆起，背鰭、臀鰭為半透明狀，並有淡紫色邊緣，體色基調深藍色，點綴著許多亮麗的藍點。

【身長】15～17公分。

【原產地】哥倫比亞、委內瑞拉、巴拿馬。

【雌雄區別】雄魚背鰭寬闊，末端尖形，腹部窄，雌魚腹部膨大。

【飼養難度】易於飼養。

【食性】食性雜，喜愛食動物性活餌，如魚蟲、絲蚯蚓等，也能接受人工飼料。

【繁殖方法】卵生，繁殖箱內鋪砂石，雌魚產卵於石塊上。

【繁殖能力】易，雌魚一次可產卵300～1000粒。

【pH】6.5～7.2。

【硬度】8～12。

【水溫】21～27℃。

【放養形式】攝食迅速,性情兇猛,不宜與小魚混養。

【活動區域:中、下層水域。

【特殊要求:需要水草。

同類品種還有白玉鳳凰。

165. 翡翠鳳凰魚　*Pelvicachromis taeniatus*

【特徵】體細長,雌、雄魚都有美麗色彩,但雄魚各鰭的顏色較豔,而雌魚腹部呈淡紅色。

【身長】8～9公分。

【原產地】非洲喀麥隆境內。

【雌雄區別】雄魚背鰭後方,尾鰭、臀鰭上有非常細膩的紅斑紋,其中夾雜著青色的斑紋,在尾鰭上方可見一兩個黑點。

【飼養難度】易於飼養。

【食性】食性雜,喜食水蚤等活餌,亦吃人工飼料。

【繁殖方法】卵生,雌魚將卵產於洞穴中,受精卵經36小時孵出仔魚。

【繁殖能力】易,雌魚一次可產卵200～300粒。

【pH】6.7～7.3。

【硬度】6～10。

【水溫】23～28℃。

【放養形式】性情溫和,可以混養。

【活動區域】在水底層活動覓食。

【特殊要求】宜養在60公分大的水族箱內。

166. 茅利維　*Pelvicachromis taeniatus*

【特徵】體細長，帶有西非短鯛一貫的逗趣面孔，鰭上有桃紅色與黑色的斑紋，頭部為金色。

【身長】7～9公分。

【原產地】喀麥隆北部、莫里威和米雷附近的河川中。

【雌雄區別】雌魚發情時腹部的紅暈會更為明顯動人。

【飼養難度】易於飼養。

【食性】食性雜，喜食水蚤等活餌，亦吃人工飼料。

【繁殖方法】卵生，雌魚將卵產於洞穴中，受精卵經30～48小時孵出仔魚。

【繁殖能力】易，雌魚一次可產卵150～200粒。

【pH】6.0～6.5。

【硬度】9～12。

【水溫】26～28℃。

【放養形式】性情溫和，可以混養。

【活動區域】中、下層水域。

【特殊要求】在有遮陰的環境之中會顯露出最美麗的色彩。

167. 藍肚鳳凰魚　*Nanochromis parilus*

【別名】剛果鳳凰。

【特徵】全身灰紅色，腹部有淡粉藍色塊，背鰭和尾鰭有黑色鑲邊。

【身長】7～8公分。

【原產地】西非剛果河下游。

【雌雄區別】雄魚體型略大於雌魚，背鰭、臀鰭略長

而尖,腹部顏色鮮豔;雌魚腹部膨大。

【飼養難度】易於飼養。

【食性】肉食性,喜食多種活餌。

【繁殖方法】卵生,雌魚將卵產在盆缽或洞穴的內側,然後由雌魚照顧稚魚。

【繁殖能力】易,雌魚一次可產卵 80～120 粒。

【pH】5.7～7.9。

【硬度】5～8。

【水溫】22～28℃。

【放養形式】具領域性,雖然雄魚可能會互相鬥殺,但尚能和平相處,可以同其他中小型溫和型魚類異種同群飼養。

【活動區域】在水底層活動覓食。

【特殊要求】水族箱內宜放沉木、石塊,最好密植水草。

168. 紅寶石魚　*Hemichromis lifalili*

【別名】星光鱸、紅花鱸、寶石魚、珠寶石魚。

【特徵】紅寶石魚體呈紡錘形,稍側扁,尾鰭呈扇形,後邊緣平直;紅寶石魚色彩美麗,其背部為綠褐色,腹部為紅色,背鰭、臀鰭和尾鰭均有紅色的邊緣,全身閃著紅藍色的小亮點,如寶石鑲在身上。

【身長】9～12 公分。

【原產地】非洲尼羅河流域以及利比里亞、薩伊、剛果。

【雌雄區別】雄魚的色彩比雌魚濃些,魚體也相對大

些；雌魚在性成熟時腹部較膨脹。

【飼養難度】易於飼養。

【食性】雜食性，偏肉食性，喜食多種活餌。

【繁殖方法】卵生，繁殖前應先在缸裏放一塊平滑的石頭，然後將挑選好的親魚按雌雄 1：1 的比例放進缸裏，親魚將卵產在平滑石塊上，雙親輪流照顧子代。

【繁殖能力】易，雌魚一次可產卵 250～300 粒。

【pH】6.5～7.5。

【硬度】7.5～8.5。

【水溫】23～26℃。

【放養形式】性情暴躁，經常攻擊其他品種的熱帶魚，尤其是攻擊和吞食其他品種的幼魚。所以，紅寶石魚最好是單獨飼養，若要混養，則應該與要求相同的大型熱帶魚混養，切不可與小型熱帶魚，特別是燈類魚混養，以免發生意外。

【活動區域】中、下層水域。

【特殊要求】喜好挖掘底砂，水族箱內宜放沉木、石塊和底砂。

169. 血紅鑽石　*Hemichromis lifalili*

【別名】血鑽。

【特徵】血紅的體色上有金屬藍色噴點，延伸到頭部鰓蓋與各魚鰭，十分顯眼。

【身長】9～12 公分。

【原產地】薩伊盆地、魯基河、騰巴湖、洋湖與鳥貝費河上游。

【雌雄區別】雄魚的色彩比雌魚濃些，魚體也相對大些；雌魚在性成熟時腹部較膨脹。

【飼養難度】易於飼養。

【食性】雜食性，偏肉食性，喜食多種活餌。

【繁殖方法】卵生，繁殖前應先在缸裏放一塊平滑的石頭，然後將挑選好的親魚按雌雄 1：1 的比例放進缸裏，親魚將卵產在平滑石塊上，雙親輪流照顧子代。

【繁殖能力】易，雌魚一次可產卵 250～300 粒。

【pH】5.5～6.5。

【硬度】5～7。

【水溫】22～28℃。

【放養形式】性情暴躁，不宜混養。

【活動區域】中、下層水域。

【特殊要求】喜好挖掘底砂，水族箱內宜放沉木、石塊和底砂。

170. 五星上將魚 *Hemichromis elongatus*

【特徵】體綠色略帶灰色，體側有 5 個明顯的黑斑，背鰭邊緣紅色。

【身長】18～20 公分。

【原產地】西非塞內加爾到隆伊之間。

【雌雄區別】雄魚的色彩比雌魚濃些，魚體也相對大些；雌魚在性成熟時腹部較膨脹。

【飼養難度】易於飼養。

【食性】雜食性，偏肉食性，喜食多種活餌。

【繁殖方法】卵生，繁殖前應先在缸裏放一塊平滑的

石頭，然後將挑選好的親魚按雌雄 1：1 的比例放進缸裏，親魚將卵產在平滑石塊上，雙親輪流照顧子代。

【繁殖能力】易，雌魚一次可產卵 250～300 粒。

【pH】6.5～7.5。

【硬度】7.5～8.5。

【水溫】22～28℃。

【放養形式】性情暴躁，不宜混養。

【活動區域】下層水域。

【特殊要求】需飼育在大型的水族箱內。

171. 獅頭魚　*Steatocranus casuarius*

【別名】猴頭魚。

【特徵】獅頭魚色彩上並沒有什麼傲人之處，最大特徵是雄魚頭部有隆起的脂肪，給人一種老實可愛的感覺。

【身長】12～15 公分。

【原產地】剛果河。

【雌雄區別】雄魚頭部有隆起的脂肪。

【飼養難度】易於飼養。

【食性】雜食性，偏肉食性，喜食多種活餌。

【繁殖方法】卵生，繁殖前應先在缸裏放一塊平滑的石頭，然後將挑選好的親魚按雌雄 1：1 的比例放進缸裏，親魚將卵產在平滑石塊上，雌魚守護魚卵，雌、雄魚都會照顧仔魚。

【繁殖能力】易，雌魚一次可產卵 700～1 000 粒。

【pH】6.5～7.5。

【硬度】7.5～8.5。

【水溫】22～28℃。

【放養形式】可以混養。

【活動區域】下層水域。

【特殊要求】喜好挖掘底砂，水族箱內宜放大量底砂。

172. 藍面蝴蝶魚　*Tropheus duboisi*

【特徵】頭形圓潤，稚魚體濃黑，兩側有白色斑點，長大後，斑點消失，只在體側中央部位有 1 條粗大的藍白色橫帶。

【身長】8～12 公分。

【原產地】東非坦干伊喀湖北部水域。

【雌雄區別】雄魚頭部有隆起的脂肪。

【飼養難度】易於飼養。

【食性】雜食性，以藻類為食，但需餵以人工飼料。

【繁殖方法】口孵卵，雌魚產卵後，將卵含入口中孵化，約 3 星期後仔魚可以游動。

【繁殖能力】難，雌魚產卵數量很少，一般 5～l0 粒。

【pH】6.8～8.5。

【硬度】7.5～8.5。

【水溫】24～29℃。

【放養形式】常因領域和飼料而爭鬥，不宜混養。

【活動區域】上、中、下層水域。

【特殊要求】對水質的變化很敏感。

173. 珍珠蝴蝶　*Tropheus duboisi*

【別名】藍面蝴蝶。

【特徵】幼魚體色為黑底白色斑點，故名珍珠蝴蝶。成魚體色截然不同，深藍色的身體在頭部後方有一道金黃色縱斑，很是美麗。

【身長】8～12公分。

【原產地】東非坦干伊喀湖。

【雌雄區別】雄魚頭部有隆起的脂肪突起。

【飼養難度】易於飼養。

【食性】植物食性，以藻類為食，但需餵以人工飼料。

【繁殖方法】口孵卵，雌魚產卵後，將卵含入口中孵化，約3星期後仔魚可以游動。

【繁殖能力】難，雌魚產卵數量很少，一般5～l0粒。

【pH】7.5～8.0。

【硬度】10～30。

【水溫】18～28℃。

【放養形式】具有領域性，性情溫和，可與其他魚種相處，但要特別注意混養的對象。

【活動區域】上、中、下層水域。

【特殊要求】喜食岩石上的藻類。

其他的品種還有紅帶蝴蝶、黃寶帶蝴蝶、虎皮蝴蝶、胭脂蝴蝶、粉紅蝴蝶。

174. 火狐狸魚　*Tropheus moorii*

【別名】圓頭鯛，莫利氏鯛。

【特徵】成魚全身煥發著高貴的暗紅色，為繼珍珠蝴蝶之後的另一種人氣很旺的蝴蝶魚種，由於棲息範圍廣闊，因此有近二十多種的變異型，有許多色彩型，如紅色

型、黃色型、橙色型、綠色型、橫帶型。

【身長】10～14公分。

【原產地】東非坦干伊喀湖。

【雌雄區別】雄魚頭部有隆起的脂肪突起。

【飼養難度】易於飼養。

【食性】植物食性，以刮食岩石藻類為食，可餵食人工飼料。

【繁殖方法】口孵卵，雌魚產卵後，將卵含入口中孵化，約3星期後仔魚可以游動。

【繁殖能力】難，雌魚產卵數量很少，一般5～l0粒。

【pH】7.5～8.0。

【硬度】10～30。

【水溫】24～29℃。

【放養形式】具有領域性，可混養，但要特別注意混養的對象。

【活動區域】中、下層水域。

【特殊要求】性情暴躁，同種之間爭鬥厲害，同種混養時要隔離。

175. 白金蝴蝶　*Tropheus moorii*

【特徵】火狐狸的白化品種，有火狐狸的體型以及乳黃色的體色。

【身長】12～16公分。

【原產地】東非坦干伊喀湖。

【雌雄區別】雄魚頭部有隆起的脂肪突起。

【飼養難度】易於飼養。

【食性】植物食性，以刮食岩石藻類為食，可餵食人工飼料。

【繁殖方法】口孵卵，雌魚產卵後，將卵含入口中孵化，約 3 星期後仔魚可以游動。

【繁殖能力】難，雌魚產卵數量很少，一般 5～10 粒。

【pH】7.5～8.3。

【硬度】10～30。

【水溫】20～28℃。

【放養形式】具有領域性，可混養，但要特別注意混養的對象。

【活動區域】中、下層水域。

【特殊要求】性情暴躁，同種之間爭鬥厲害，同種混養時要隔離。

176. 雙星蝴蝶　*Tropheus moorii*

【別名】櫻桃蝴蝶。

【特徵】成魚體側背鰭下方及臀鰭上有兩處明顯的紅色塊斑。有各種顏色形態，包括黃色腹部，有條紋的尾色。

【身長】10～13 公分。

【原產地】東非坦干伊喀湖。

【雌雄區別】雄魚頭部有隆起的脂肪突起。

【飼養難度】易於飼養。

【食性：植物食性，喜歡刮食岩石藻類為食。

【繁殖方法】口孵卵，雌魚產卵後，將卵含入口中孵化，約 3 星期後仔魚可以游動。

【繁殖能力】難，雌魚產卵數量很少，一般 5～10 粒。

【pH】7.9～8.8。

【硬度】17～25。

【水溫】24～29℃。

【放養形式】避免同種及相似種混養。

【活動區域】中、下層水域。

【特殊要求】宜飼養於岩石佈景缸中，給予充足的躲藏地點及區域。

177. 牛頭鯛　*Geophagus steindachneri*

【別名】禿頭藍寶石、珠母麗魚、牛頭。

【特徵】體側橘、綠、藍色，頭部有瘤狀突起，唇又寬又厚，酷似牛頭，故稱牛頭鯛。

【身長】15～20 公分。

【原產地】南美洲的巴西東部、哥倫比亞河上游及支流。

【雌雄區別】雄魚頭部隆起的脂肪突起更明顯，而且顏色更鮮豔。

【飼養難度】易於飼養。

【食性】雜食性，喜歡刮食岩石藻類為食。

【繁殖方法】半口孵魚，雌魚產卵於岩石或瓦盆表面上，由雌魚負責保衛。卵經 10 天孵化，剛孵化的仔魚，由雌魚吸入口內保護，故稱之為「半口孵魚」。

【繁殖能力】一般，雌魚產卵 50～100 粒。

【pH】6.5～7.5。

【硬度】10～12。

【水溫】22～26℃。

【放養形式】性情溫和，能與同體型的其他魚混合飼養。

【活動區域】上、中、下層水域。

【特殊要求】牛頭鯛有用口掘砂的習性，要注意保護水草。

178. 藍寶石魚　*Geophagus jurupari*

【別名】藍口孵魚。

【特徵】魚體呈紡錘形，稍側扁，體側黃色，腹部青黃色，尾鰭呈扇形，後邊緣平直。幼魚有橫條花紋，成熟時全身佈滿了發藍光的小斑點。

【身長】15～25公分。

【原產地】亞馬遜河，圭亞那，烏拉圭。

【雌雄區別】雄魚的背鰭、臀鰭較長，雌魚腹部比較膨脹。

【飼養難度】易飼養。

【食性】雜食性，什麼餌料都吃，但喜歡吃動物性餌料。

【繁殖方法】卵生口孵，產卵在岩石或其他附著物上，雌、雄魚口含卵，2～3天孵化，出生10天後，親魚絕食，用口孵養仔魚。

【繁殖能力】較容易，雌魚一次產卵約1000粒，多者可達2000粒以上。

【pH】6.5～7.4。

【硬度】7～10。

【水溫】24～28℃。

【放養形式】幼魚可與其他魚混養，成魚有攻擊其他魚的傾向，不宜混養。

【活動區域】中、下層水域。

【特殊要求】有挖砂、咬水草的習慣，水族箱不能放置砂、草。

同類品種有聯邦德國藍寶石。

179. 和尚　*Geopbagus balzanil*

【特徵】成魚前額隆起明顯，頭部大，雖然身體並列鮮豔的色彩，但是圓潤的外表與奇特的造型讓他在市場上維持穩定的身價。

【身長】22～30 公分。

【原產地】巴拉圭、巴拿馬河流。

【雌雄區別】雄魚頭部隆起的脂肪突起更明顯，而且顏色更鮮豔。

【飼養難度】易於飼養。

【食性】雜食性，喜歡刮食岩石藻類為食。

【繁殖方法】半口孵魚，雌魚產卵於岩石或瓦盆表面上，由雌魚護卵，卵經 10 天孵化，剛孵化的仔魚，由雌魚吸入口內保護。

【繁殖能力】一般，雌魚產卵約 100 粒。

【pH】6.0～7.5。

【硬度】10～12。

【水溫】22～28℃。

【放養形式】性情溫和，能與其他魚混合飼養。

【活動區域】中、下層水域。

【特殊要求】有用口掘砂的習性，要注意保護水草。同類品種還有金口和尚。

180. 突頂鯛　*Aequidens dorsigerus*

【別名】變色龍、齊齒麗魚。

【特徵】突頂鯛體色為褐綠色，身體後半部有數條橫紋，從眼睛至尾柄部，有時會出現黑色條紋。短小的身軀，配合鰭部的擴展姿態，非常可愛。

【身長】8～10公分。

【原產地】南美洲的亞馬遜河流域。

【雌雄區別】繁殖季節發情時，雄魚在黑色條紋的下方會出現藍色的光彩，其背部、尾柄部也稍有點橘黃色。

【飼養難度】易於飼養。

【食性】雜食性，喜歡刮食岩石藻類為食。

【繁殖方法】黏性卵，產卵於石頭、盆缽或流木之上，由雌、雄魚來保護照顧。

【繁殖能力】易，雌魚產卵300粒左右。

【pH】6.2～7.1。

【硬度】7～10。

【水溫】22～28℃。

【放養形式】性情溫和，能混合飼養。

【活動區域】上、中、下層水域。

【特殊要求】適宜在水族箱中植有水草。

181. 紅尾皇冠魚　*Aequidens rivulatus*

【別名】綠面皇冠魚。

【特徵】因為臉頰有綠色的斑紋，所以又稱為綠面皇冠。身上帶有排列規律的綠色斑點，鰭的一端皆帶橙色，成魚額頭會隆起。

【身長】15～30 公分。

【原產地】厄瓜多爾西部及秘魯中部。

【雌雄區別】雌、雄魚都具有非常鮮豔的花紋。但雄魚的顏色更鮮豔，額頭更隆起。

【飼養難度】易於飼養。

【食性】雜食性，喜歡食魚蝦。

【繁殖方法】沉性卵，自然配對後，在大石塊或大瓦片上產卵，產卵結束後，親魚照料魚卵，卵 2～3 天孵化。

【繁殖能力】易，雌魚產卵 700 粒左右。

【pH】5.5～6.5。

【硬度】5～7。

【水溫】22～27℃。

【放養形式】不宜與其他小型魚混合飼養。

【活動區域】下層水域。

【特殊要求】經常注意水溫，急速的水溫變化會引起病症。

182. 黑鰭鯛 *Pelmatochromis thomasi*

【特徵】身體渾圓，鱗呈青、赤、綠等顏色，有「非洲蝴蝶鯛」美稱。

【身長】7～10 公分。

【原產地】非洲西部。

【雌雄區別】雌、雄魚都具有非常鮮豔的花紋。但雄魚

的顏色更鮮豔，額頭更隆起。

【飼養難度】易於飼養。

【食性】雜食性，喜食動物性餌料。

【繁殖方法】口孵魚，只要能配好對，就能產卵。

【繁殖能力】易，雌魚產卵 600 粒左右。

【pH】6.0～8.0。

【硬度】8～12。

【水溫】22～28℃。

【放養形式】性情溫和，可以和其他魚混養。

【活動區域】上、中、下層水域。

【特殊要求】適宜在水族箱中植有水草。

183. 埃及豔后魚　*Maravichromis ericotaenia*

【特徵】埃及豔后是大型湖產慈鯛頗具特色的魚種，
成熟後的雄魚在面頰處散發出金屬綠光澤，是本屬魚中極
為少見的特色。

【身長】20～25 公分。

【原產地】西非馬拉威湖。

【雌雄區別】雄魚體側的黑色縱斑較不明顯，同時體
型較雌魚為大。

【飼養難度】易飼養。

【食性】雜食性，但喜歡吃動物性餌料。

【繁殖方法】口孵，產卵在岩石或其他附著物上，雌、
雄魚口含卵，2～3 天孵化，出生 10 天後，親魚絕食，用
口孵養仔魚。

【繁殖能力】較容易，雌魚一次產卵 800 粒左右。

【pH】6.1～7.3。

【硬度】6～9。

【水溫】22～27℃。

【放養形式】：幼魚可與其他魚混養，成魚有攻擊其他魚的傾向，不宜混養。

【活動區域】中、下層水域。

【特殊要求】有挖砂、咬水草的習慣，水族箱不能放置砂、草。

南鱸科 Nandidae

184. 枯葉魚 *Monocirrhus polyacanthus*

【別名】單鬚葉鱸、鬚多棘鱸。

【特徵】口小，能伸縮，上頜骨後端伸達眼後緣下方。下頜具鬚，頜為折疊式，可張口吸進小型魚類。它靜止時似枯葉浮於水面，以此迷惑對手。

【身長】7～10 公分。

【原產地】亞馬遜河，圭亞那。

【雌雄區別】雄魚臀鰭演化成交接器。

【飼養難度】較難。

【食性】雜食性，偏愛食小魚、小蝦。

【繁殖方法】水族箱中要多種水草，放置石塊，然後放入親魚一對，在水草或岩石上產卵，由雄魚護卵，經 2～3 天孵化。

【繁殖能力】較難，每次可產卵 300～400 粒。

【pH】6.91～7.8。

【硬度】6～9。

【水溫】24～26℃。

【放養形式】絕不可與小型魚在一起飼養。

【活動區域】下層水域。

【特殊要求】絕不可放入白砂，以免引起體色褪色。

松鯛科 Lobotidae

185. 泰國虎魚　*Datnioides microlepis*

【別名】虎魚、四帶松鯛、泰國老虎。

【特徵】尾鰭圓形；腹鰭位於胸鰭基底的後方。體側有5～6條黑白相間的帶紋，猶如虎紋，色彩十分鮮豔。在泰國屬高級食用魚。

【身長】40～60公分。

【原產地】東南亞地區，泰國等。

【雌雄區別】雄魚的花紋和色彩更鮮豔。雌魚則沒有這麼鮮豔，同時腹部膨脹。

【飼養難度】較易。

【食性】肉食性，突出的大嘴可將小魚一口吞入。

【繁殖方法】卵生。喜愛棲息於多洞口的岩石地帶，並在此產卵受精孵化。

【繁殖能力】難。一對親魚每次可繁殖魚卵150～250粒。

【pH】6.1～7.3。

【硬度】7～12。

【水溫】23～26℃。

【放養形式】對同體型的魚則溫和可親，可同類混養。

【活動區域】下層水域。

【特殊要求】注意小型魚的混養，多植水草。

186. 泰國細紋虎魚 *Datnioides microlepis sp.*

【特徵】體側有 5～6 條黑黃相間的帶紋，猶如虎紋，色彩十分鮮豔。

【身長】40～60 公分。

【原產地】東南亞地區，泰國等。

【雌雄區別】雄魚的花紋和色彩更鮮豔。雌魚則沒有這麼鮮豔，同時腹部膨脹。

【飼養難度】較易。

【食性】肉食性，突出的大嘴可將小魚一口吞入。

【繁殖方法】卵生。喜愛棲息於多洞口的岩石地帶，並在此產卵受精孵化。

【繁殖能力】難。一對親魚每次可繁殖魚卵 150～250 粒。

【pH】6.1～7.3。

【硬度】7～12。

【水溫】23～26℃。

【放養形式】對同體型的魚則溫和可親，可同類混養。

【活動區域】下層水域。

【特殊要求】注意小型魚的混養，多植水草。

射水魚科 Toxotidae

187. 高射炮魚　*Toxotes jaculatrix*

【別名】射水魚、槍手魚。

【特徵】體呈長橢圓形，側扁，體色為銀白色，有 6 條黑紋，尾鰭微凹，背鰭和臀鰭闊而有黃黑色紋，主要棲息於海中、河口或河川上游，可作為鹹淡水兩棲魚飼養。最特殊的捕食法是上顎有溝，用這溝射水，在口中噴出水柱，以擊下水面附近的昆蟲捕食之，此法能百發百中。

【身長】7～10 公分。

【原產地】印度、菲律賓、緬甸、印尼、泰國、馬來西亞。

【雌雄區別】雌魚性成熟時腹部比較膨脹。

【飼養難度】容易。

【食性】雜食性，常吃浮在水面的餌，也吃乾餌。如把蚯蚓、蒼蠅等貼在水族箱內側，魚即會噴出水柱，將餌射落而捕食。

【繁殖方法】卵生，產浮性卵，但容易被親魚吃掉，魚卵經 12 小時可以孵化。

【繁殖能力】比較困難，每次約產卵 3000 粒。

【pH】7.0～7.5。

【硬度】7～9。

【水溫】25～30℃。

【放養形式】與個體大小相同的魚可以相處。

【活動區域】適合養在半水景缸中。

【特殊要求】水族箱內加少許食鹽飼養。

同類品種還有多斑射水魚。

大眼鯧科 Monodactylidae

188. 金鯧　*Monodactylus argenteus*

【別名】銀大眼鯧、黃鰭鯧、蝙蝠燕魚、手指魚。

【特徵】體色為銀白色，受光線照射時會發出金黃色的光芒。體高卵圓形，體高極高，體長為體高的 1.2～1.6 倍，有四條黑色條紋，游動十分靈活快速。

【身長】10～23 公分。

【原產地】東大西洋區的加那利群島、剛果、塞內加爾至安哥拉。

【雌雄區別】雌魚性成熟時腹部比雄魚膨脹。

【飼養難度】性情溫和，容易飼養。

【食性】雜食性，喜食活餌。

【繁殖方法】卵生，在海水裏繁殖孵育，目前人工養殖下幾乎沒有人工繁殖。

【繁殖能力】困難。

【pH】7.0～7.5。

【硬度】7～9。

【水溫】18～27℃。

【放養形式】此種魚同族爭鬥對外族卻溫和，但會攻擊小魚，不能與小型魚混養，可與大型熱帶魚混養。

【活動區域】中、下層水域。

【特殊要求】需要較高的鹽分，飼養時應適量加些鹽。

189. 銀鯧　*Monodactylus argenteus*

【別名】銀板鯧、銀盤鯧、白鯧。

【特徵】體色為銀白色，體極側扁而高。背鰭與臀鰭邊緣有黃色光澤，側邊有兩條斑紋，群游十分好看。常在河口群游性，尤其是常在紅樹林及碼頭旁覓食。

【身長】15～23 公分。

【原產地】印度至西太平洋區、紅海、東非至薩摩亞群島。

【雌雄區別】雌魚的臀鰭為紅色，前端為尖形。而雄魚的臀鰭則為圓形。

【飼養難度】性情溫和，容易飼養。

【食性】雜食性，幾乎可吃任何餌料，尤其愛吃水草。

【繁殖方法】卵生。產浮性卵，產卵量大，卵漂浮於整個水面，產卵後需將親魚撈出。

【繁殖能力】一般。

【pH】7.0～7.5。

【硬度】7～9。

【水溫】21～27℃。

【放養形式】此種魚同族爭鬥對外族卻溫和，不能與小型魚混養，可與大型熱帶魚混養。

【活動區域】中、下層水域。

【特殊要求】養殖箱中不能種植水草。

蝦虎魚科 Gobiidae

190. 蜜蜂魚　*Brachygobius doriae*

【別名】短蝦虎魚。

【特徵】左右腹鰭癒合成吸盤狀。體表的黃色與黑色粗條紋猶如小蜜蜂模樣，故名為「蜜蜂魚」。

【身長】3～5 公分。

【原產地】蘇門答臘，加里曼丹島。

【雌雄區別】性成熟的雌魚腹部比雄魚膨脹。

【飼養難度】中等。

【食性】肉食性，可攝食各種動物性餌料，尤其是活餌。

【繁殖方法】卵生。產卵於洞穴中且由雄魚守護。

【繁殖能力】較難，一般雌魚產卵 150 粒左右。

【pH】7.0～7.5。

【硬度】7～9。

【水溫】18～32℃。

【放養形式】性情溫和，可與小型魚一起飼養。

【活動區域】喜歡在砂上或玻璃面游動，或是用嘴接觸砂或玻璃，會利用吸盤狀的腹鰭吸附水草。

【特殊要求】屬於鹹淡水的熱帶魚，飼養時水中需加鹽。要求有岩石洞穴等隱蔽所。

同類品種有金帶短蝦虎魚、爵士點蝦虎魚。

魨形目 Tetraodontiformes

魨科 Tetraodontidae

191. 綠河魨　*Tetraodon fluviatilis*

【別名】東方魨。

【特徵】體粗短，亞圓筒形，頭和吻寬鈍，鼻瓣呈卵原形突起，體無鱗，背鰭無棘，無腹鰭，尾鰭圓形。氣囊發達。當用網撈取時，此魚會將空氣吸入魚鰾中，使魚腹膨脹如球，放回水裏，便會噴出空氣而恢復原狀。

【身長】8～12公分。

【原產地】印度，馬來西亞，緬甸。

【雌雄區別】性成熟的雌魚腹部比雄魚膨脹。

【飼養難度】容易飼養。

【食性】肉食性，以食動物性活餌為主。

【繁殖方法】卵生魚類，目前在水族箱中繁殖還比較困難。

【繁殖能力】困難。

【pH】7.0～7.5。

【硬度】7～9。

【水溫】21～27℃。

【放養形式】牙齒尖銳，常會咬傷小型魚或動作遲鈍的魚。不宜和小型魚混養。

【活動區域】上、下層水域。

【特殊要求】此魚身體不佳時會變黑，此時，要立即採取換水加鹽和浸藥方法處理。

192. 南美魨 *Colomesus asellus*

【別名】金娃娃、鸚鵡魨。

【特徵】腹部白色，背部黃綠色，有黑色橫紋。側篩骨與腭骨相接，上枕骨與蝶耳骨相接；鼻孔後緣與眼相對，是亞馬遜河中唯一的淡水河魨。當用網撈取時，魚全身鼓得像氣球，放回水中，便會吐出空氣恢復原狀。

【身長】10～15 公分。

【原產地】南美洲亞馬遜河支流，圭亞那等。

【雌雄區別】性成熟的雌魚腹部比雄魚膨脹。

【飼養難度】中等。

【食性】雜食性，活餌、乾餌都吃。

【繁殖方法】卵生，其他不詳。

【繁殖能力】較難。

【pH】6.0～7.2。

【硬度】4～8。

【水溫】24～26℃。

【放養形式】最好單獨飼養。

【活動區域】中、下層水域。

【特殊要求】宜弱酸性軟水。

鮎形目 Siluriformes

鮎形科 Siluridae

193. 玻璃鯰 *Kryptopterus bicirrhis*

【別名】玻璃貓、二鬚缺鰭鮎、貓頭水晶魚。

【特徵】體延長，側扁，背後腹薄，玻璃鯰身體透明如同玻璃，可以清晰數出體內的骨頭數，猶如骨骼標本，故稱之為「玻璃鯰魚」。

【身長】7～10公分。

【原產地】印度、馬來西亞、加里曼丹、爪哇、泰國、蘇門答臘。

【雌雄區別】性成熟的雌魚腹部比雄魚膨脹。

【飼養難度】飼養容易。

【食性】雜食性，喜吃水蚤、絲蚯蚓等活餌。

【繁殖方法】卵生魚類，目前尚無繁殖成功的經驗。

【繁殖能力】困難。

【pH】6.0～7.2。

【硬度】4～8。

【水溫】24～26℃。

【放養形式】喜歡群養，不宜單獨一條飼養。但由於它的遊動力弱，不要與游動力強的魚混合飼養。

【活動區域】底層水域。

【特殊要求】水族箱中宜多栽植水草。

美鮎科 Callichthyidae

194. 黑斑花紋鼠魚　*Corydoras polystictus*

【別名】兵鮎。

【特徵】灰黑色，體側有斑點，胸鰭較長，末端深躍腹鰭起點，腹鰭、臀鰭較小；各鰭有斑點。鬚2對。

【身長】10～15公分。

【原產地】阿根廷，巴西。

【雌雄區別】雄魚的胸鰭第一軟條長而粗並變紅色。

【飼養難度】容易。

【食性】雜食性，人工飼料也吃。

【繁殖方法】卵生，產卵於水族箱底或黏附於水草叢內。

【繁殖能力】易，雌魚每次產卵 300 粒左右。

【pH】6.3～7.5。

【硬度】7～12。

【水溫】24～26℃。

【放養形式】混養。

【活動區域】大多喜潛伏在水族箱底下或水草叢中，偶爾會遊上水面吸氧又立即游入底部。

【特殊要求】水箱底有砂石和水草。

195. 皇冠鼠魚　*Corydoras melanistius*

【別名】紅銅鼠魚。

【特徵】由眼至尾鰭有弧狀黑帶，尾柄有花紋，上下有2行斑紋。

【身長】5～10 公分。

【原產地】委內瑞拉，圭亞那各地。

【雌雄區別】雄魚的胸鰭第一軟條長而粗並變紅色。

【飼養難度】容易。

【食性】雜食性，愛吃藻類，有清除水族箱污垢的本領。

【繁殖方法】卵生，產卵於水族箱底或黏附於水草叢

內。

　　【繁殖能力】易，雌魚每次產卵 300 粒左右。

　　【pH】6.3～7.5。

　　【硬度】7～12。

　　【水溫】18～26℃。

　　【放養形式】混養。

　　【活動區域】大多喜潛伏在水族箱底下或水草叢中，偶爾會遊上水面吸氧又立即游下底部 。

　　【特殊要求】水箱底有砂石和水草。

196. 虎皮鼠魚　*Corydoras trilineatus*

　　【別名】豹紋鼠魚。

　　【特徵】體色黑黃，有交叉狀虎皮紋。背鰭有大黑點，尾鰭有花紋圖案。口上有 2 對觸鬚。

　　【身長】7～10 公分。

　　【原產地】巴西。

　　【雌雄區別】雄魚胸鰭第一軟條長而粗，並變成紅色。

　　【飼養難度】容易。

　　【食性】雜食性，什麼餌料都吃。

　　【繁殖方法】卵生，產卵於水族箱底或黏附於水草叢內。

　　【繁殖能力】易，雌魚每次產卵 300 粒左右。

　　【pH】6.3～7.5。

　　【硬度】7～12。

　　【水溫】18～26℃。

　　【放養形式】混養。

【活動區域】大多喜潛伏在水族箱底下或水草叢中，偶爾會游上水面吸氧又立即游下底部。

【特殊要求】水箱底有砂石和水草。

197. 彩色鼠　*Corydoras aeneus*（*Albino*）

【特徵】彩色鼠是白鼠經過人工注射或染色而成的各種顏色鼠魚。身體的色澤會隨著飼養時間的增長而逐漸消失。個性溫和，各種顏色成群飼養別有趣味。

【身長】5～8公分。

【原產地】人工培育染色種，全南美洲均有分佈。

【雌雄區別】雄魚胸鰭第一軟條長而粗，並變成紅色。

【飼養難度】容易。

【食性】雜食性，可將水族箱小的殘餌及其他魚類的糞便等廢物吃掉，尤其喜歡顆粒狀易沉底的餌料。

【繁殖方法】卵生，雌魚產完卵後，先將卵子攜帶於杯狀的腹鰭之間，然後將其藏於植物和其他物體的表面。

【繁殖能力】易，雌魚每次產卵200～500粒。

【pH】6.0～8.0。

【硬度】9～12。

【水溫】22～28℃。

【放養形式】混養。

【活動區域】大多喜潛伏在水族箱底下或水草叢中，偶爾會游上水面吸氧又立即游下底部。

【特殊要求】水箱底有砂石和水草。

198. 花鼠魚　*Corydoras paleatus*

【別名】綠花鼠、大花鼠、胡椒點鯰魚。

【特徵】背鰭到脂鰭中間有三個黑斑，身上則有不規則的黑斑。是最為人所熟知的鼠魚之一。口部具挖砂的小鬚，形狀怪異。

【身長】7～10 公分。

【原產地】巴西，阿根廷。

【雌雄區別】雄魚胸鰭第一軟條長而粗，並變成紅色。

【飼養難度】容易。

【食性】雜食性，喜食動物性餌料。

【繁殖方法】卵生，雌魚產完卵後，將卵產在水草葉上，充分打氣增氧可避免細菌的侵襲。

【繁殖能力】易，雌魚每次產卵 200～500 粒。

【pH】6.0～8.0。

【硬度】9～12。

【水溫】22～28℃。

【放養形式】混養。

【活動區域】大多喜潛伏在水族箱底下或水草叢中。

【特殊要求】水箱底有砂石和水草。

199. 白鼠　*Corydoras paleatus*

【別名】白玉鼠。

【特徵】白鼠魚體呈長筒形，尾呈叉狀，嘴邊有兩對短鬚，通身白色。白鼠魚是咖啡鼠的白化品種。

【身長】7～10 公分。

【原產地】委內瑞拉和玻利維亞。

【雌雄區別】雄魚胸鰭第一軟條長而粗，並變成紅色。

【飼養難度】容易飼養。

【食性】雜食性，喜食動物性餌料。

【繁殖方法】卵生，雌魚產完卵後，將卵產在水草葉上，充分打氣增氧可避免細菌的侵襲。

【繁殖能力】易，雌魚每次產卵 200～500 粒。

【pH】6.0～8.0。

【硬度】9～12。

【水溫】20～28℃。

【放養形式】性情溫和，適合混養。

【活動區域】在水底層生活。

【特殊要求】水箱底有砂石和水草。

200. 熊貓鼠　*Corydoras panda*

【特徵】具有高知名度的小型鼠魚，顏色的分佈像是熊貓一樣，在眼睛周圍有黑斑，背鰭及尾柄也有明顯的黑斑，模樣十分惹人憐愛。

【身長】3～7 公分。

【原產地】秘魯境內各流域。

【雌雄區別】雄魚胸鰭第一軟條長而粗，並變成紅色。

【飼養難度】容易。

【食性】雜食性，喜歡成群在石頭底砂上覓食藻類。

【繁殖方法】卵生，雌魚產完卵後，將卵產在水草葉上，充分打氣增氧可避免細菌的侵襲。

【繁殖能力】易，雌魚每次產卵 200～500 粒。

【pH】6.0～8.0。

【硬度】9～12。

【水溫】22～28℃。

【放養形式】混養。

【活動區域】大多喜潛伏在水族箱底下或水草叢中。

【特殊要求】水箱底有砂石和水草。

同類品種還有紅翅珍珠鼠、帝王旗艦鼠魚、帆翅鯰、蝴蝶鯰。

201. 彎弓鼠魚 *Corydoras arcuatus*

【別名】臭鼠鯰。

【特徵】體茶褐色，由口沿背部直達尾部有 1 條深灰色的條紋，像一張弓，故名彎弓鼠。

【身長】4～5 公分。

【原產地】亞馬遜河。

【雌雄區別】雄魚胸鰭第一軟條長而粗，並變成紅色。

【飼養難度】容易。

【食性】雜食性，喜食動物性餌料。

【繁殖方法】卵生，雌魚產完卵後，將卵產在水草葉上，充分打氣增氧可避免細菌的侵襲。

【繁殖能力】易，雌魚每次產卵 200～500 粒。

【pH】6.0～8.0。

【硬度】9～12。

【水溫】23～27℃。

【放養形式】混養。

【活動區域】大多喜潛伏在水族箱底下或水草叢中。

【特殊要求】水箱底有砂石和水草。

202. 網紋鼠魚　*Corydoras reticulatus*

【別名】網紋鯰、網紋兵鯰、網斑鼠。

【特徵】體形似虎紋鼠魚。全身覆蓋一層網狀紋，頭部的網紋緻密；尾鰭有 3 條寬的黑條紋；軀體和頭部有紅色印記；幼魚有斑點。

【身長】4～7 公分。

【原產地】阿根廷、巴拉圭和亞馬遜河。

【雌雄區別】雄魚胸鰭第一軟條長而粗，並變成紅色。

【飼養難度】飼養容易。

【食性】雜食性，是一種「清道夫」魚，可將掉落缸底的殘餌食乾淨。

【繁殖方法】卵生，雌魚產完卵後，將卵產在水草葉上孵化。

【繁殖能力】易，雌魚每次產卵 300～500 粒。

【pH】7.5～8.8。

【硬度】12～27。

【水溫】22～28℃。

【放養形式】性溫和，可與其他魚種混合飼養。

【活動區域】大多喜潛伏在水族箱底或水草中。

【特殊要求】水箱底有砂石和水草。

203. 咖啡鼠　*Corydoras aeneus*

【別名】側帶甲鯰。

【特徵】體為微綠帶咖啡色，故稱咖啡鼠。體側中央有一黑帶，故又稱側帶甲鯰。咖啡鼠總是成群結隊的游動著，在緊密相連的領域中尋覓食物。

【身長】5～7 公分。

【原產地】南美洲各水系水域。

【雌雄區別】雄魚的背鰭及臀鰭上有長而粗的棘，雌、雄魚易分辨。

【飼養難度】飼養容易。

【食性】雜食性，可餵紅蟲或一般乾燥飼料，有清除水箱底部的功能。

【繁殖方法】卵生，選擇幾對年輕、健康的親魚，在繁殖缸底部鋪置一層厚約 6 公分的乾淨砂子，雌魚產完卵後，將卵產在水草葉上孵化，經 6 天左右孵化，便可孵出幼魚。

【繁殖能力】易，雌魚每次產卵 300 粒左右。

【pH】6.0～8.0。

【硬度】9～12。

【水溫】22～28℃。

【放養形式】性溫和，可與其他魚種混合飼養。

【活動區域】大多喜潛伏在水族箱底下或水草叢中。

【特殊要求】水箱底有砂石和水草。

204. 鐵甲鯰　*Hoplosternum thoracatum*

【別名】鐵甲鼠，戰車鼠。

【特徵】身披堅硬的鱗片，故稱鐵甲鯰。體褐色，佈滿黑色斑點，尾鰭圓形。體延長，前部圓筒形，後部側扁，頭部略平扁，尾柄粗短。鬚 2 對，較細長。體側披覆上下兩列骨板鱗。背鰭、胸鰭發達，具硬棘，脂鰭小。

【身長】15～20 公分。

【原產地】亞馬遜河流域。

【雌雄區別】雄魚胸鰭鑲橘紅色邊，但到繁殖季節，會由橘紅色變為鮮豔的紅色。

【飼養難度】飼養容易。

【食性】雜食性，是水族箱裏最佳「清道夫」魚，可將掉落缸底的殘餌食得乾乾淨淨。

【繁殖方法】卵生，繁殖行為如鬥魚，會築泡巢產卵，親魚會在泡巢下擔任護衛。卵經 3～4 天孵出幼魚。

【繁殖能力】易，每次產卵 100～200 粒。

【pH】6.0～7.2。

【硬度】9～12。

【水溫】22～28℃。

【放養形式】性溫和，可與其他魚種混合飼養。

【活動區域】大多喜潛伏在水族箱底下或水草叢中。

【特殊要求】水箱底有砂石和水草。

甲鮎科 Loricariidae（suckermouth armored catfishes）

205. 琵琶鼠魚　*Hypostomus plecostomus*

【別名】下口鯰。

【特徵】全身為粗糙的鱗片披裹，體色為淡褐色，上面佈滿褐色花紋及斑點，嘴呈吸盤狀，奇醜無比，但是觀賞魚愛好者十分喜愛它，喜食青苔藻類，有「水族箱中的清道夫」之稱。

【身長】最大可達 60 公分以上。

【原產地】拉丁美洲的拉布拉他河。

【雌雄區別】雄魚的背鰭及臀鰭上有長而粗的棘。

【飼養難度】較易。

【食性】雜食性，會吞食小型魚。

【繁殖方法】卵生，以水塘或水泥池繁殖，內放石塊等供卵附著。

【繁殖能力】易，每次產卵 100～200 粒。

【pH】7.0～8.4。

【硬度】2～15。

【水溫】22～28℃。

【放養形式】混養，但長大後不宜與小型魚混養。

【活動區域】下層水域。

【特殊要求】在水族箱中要充分打氣。

206. 黃金琵琶 *Hypostomus plecostomus*

【特徵】琵琶鼠的變異種，屬於大型琵琶鼠魚的異種。全身為乳白色。

【身長】48～60 公分。

【原產地】巴拉圭河流域。

【雌雄區別】性成熟的雌魚腹部比雄魚略膨脹。

【飼養難度】容易飼養。

【食性】雜食性，動物性餌料和植物性餌料它們都吃。

【繁殖方法】卵生魚類，繁殖方法不詳。

【繁殖能力】非常困難。

【pH】6.0～8.0。

【硬度】2～15。

【水溫】20～28℃。

【放養形式】可與大型熱帶魚混養。

【活動區域】底層水域。

【特殊要求】須注意其會騷擾垂死與體表受傷的魚隻。

207. 大帆皇冠琵琶鼠

Glyptopericbtbys sp. Cf. gibbiceps

【特徵】游動時高舉背鰭與尾鰭，十分優雅從容。體表遍佈中型黑色斑點，魚鰭末端有橘紅色的光彩。

【身長】20～35 公分。

【原產地】巴西申古河流域。

【雌雄區別】雄魚的背鰭及臀鰭上有長而粗的棘。

【飼養難度】較易。

【食性】雜食性，會吞食小型魚。

【繁殖方法】卵生，以水塘或水泥池繁殖，內放石塊等供卵附著。

【繁殖能力】易，每次產卵 100～200 粒。

【pH】6.5～7.2。

【硬度】2～15。

【水溫】22～28℃。

【放養形式】混養，但長大後不宜與小型魚混養。

【活動區域】下層水域，喜好吸附於沉木上。

【特殊要求】給予遮光與高溶氧的飼養環境。

208. 紅尾鯰　*Phractocephalus hemiliopterus*

【別名】紅尾鴨嘴。

【特徵】體背部黑色，具黑色斑點，口部到尾柄有一白帶貫穿。尾鰭紅色，其他鰭為黑色，邊緣紅色。鬚 3 對，長達尾柄中部，頭和口較大，寬而扁平。

【身長】70～100 公分。

【原產地】亞馬遜河流域。

【雌雄區別】雄魚的背鰭及臀鰭上有長而粗的棘。

【飼養難度】較易。

【食性】肉食性，喜吃動物性餌料，尤其小魚。

【繁殖方法】卵生，繁殖方法不詳。

【繁殖能力】較困難。

【pH】6.5～7.1。

【硬度】2～11。

【水溫】22～28℃。

【放養形式】單養。

【活動區域】下層水域。

【特殊要求】養於大型水環境中。

209. 鱘身鯰　*Sturiosoma panamense*

【別名】直升機。

【特徵】鱘身鯰特異的體型，高雅的氣派，是鯰魚類中的貴公子。尾鰭呈 90 度彎曲，鰭末端延長。

【身長】10 公分以上。

【原產地】巴拿馬至厄瓜多爾的太平洋沿岸的河川。

【雌雄區別】雄魚有鬚，雌、雄魚容易辨別。

【飼養難度】較易。

【食性】雜食性，喜食苔藻，也吃人工餌料。

【繁殖方法】卵生，繁殖方法不詳。

【繁殖能力】較困難。

【pH】6.0～7.0。

【硬度】5～12。

【水溫】25～30℃。

【放養形式】性溫和，能與其他性溫和的魚混合飼養。

【活動區域】下層水域。

【特殊要求】需要佈置供其躲藏以及覓食的岩石環境。

210. 虎鯰　*Pseudoplatystoma fasciatum*

【別名】鴨嘴鼠魚。

【特徵】虎鯰體上有十幾條橫紋，頭稍扁平，吻大而扁平，體呈優雅的流線形。生長快，每次蛻皮生長，蛻下的皮也會被其吃掉，這是此魚的特徵。

【身長】70～100公分。

【原產地】亞馬遜河流域。

【雌雄區別】性成熟的雌魚腹部比雄魚膨脹。

【飼養難度】較易。

【食性】雜食性，食量大。

【繁殖方法】卵生，繁殖方法不詳。

【繁殖能力】較困難。

【pH】6.0～7.0。

【硬度】5～12。

【水溫】22～28℃。

【放養形式】性溫和，能與其他魚混合飼養。

【活動區域】多居岩洞、流木等掩蔽物下。

【特殊要求】需要佈置供其躲藏以及覓食的岩石環境。

211. 耳斑鯰　*Otocinclus affinis*

【特徵】體棕灰色，從眼至尾柄有一貫穿的縱紋。

【身長】4～6公分。

【原產地】巴西東南部地區。

【雌雄區別】性成熟的雌魚腹部比雄魚膨脹。

【飼養難度】較易。

【食性】雜食性，吃苔藻，若水族箱中缺苔藻，則此魚極易死亡。

【繁殖方法】卵生，繁殖方法不詳。

【繁殖能力】較困難，魚的主要來源還是野生。

【pH】6.0～7.0。

【硬度】5～12。

【水溫】20～30℃。

【放養形式】性溫和，能與其他性溫和的魚混合飼養。

【活動區域】下層水域。

【特殊要求】最好飼養於密植水草並有陽光的水族箱中。

212. 隆頭鯰　*Panaque nigrolineatus*

【別名】皇冠豹。

【特徵】隆頭鯰的頭很大，在尾柄處突然變細，在大大的鰓旁邊生有白鬚狀的東西。背鰭很大，有8條硬棘。眼睛紅色，為此魚的主要特徵。

【身長】30公分以上。

【原產地】亞馬遜河上游。

【雌雄區別】性成熟的雌魚腹部比雄魚膨脹。

【飼養難度】較易。

【食性】雜食性，食量大，不餵食時腹部會凹下去，有時會餓死。

【繁殖方法】卵生，繁殖方法不詳。

【繁殖能力】較困難，魚的主要來源還是野生。

【pH】6.2～7.4。

【硬度】5～10。

【水溫】22～26℃。

【放養形式】性較粗暴，不能與小型魚混養，否則會被吃得精光。

【活動區域】下層水域。

【特殊要求】注入新水要特別小心，不能全用新水，否則會死亡。

213. 吸石魚　*Plecostomus punctatus*

【別名】吸盤魚、琵琶魚、皇冠琵琶魚、清道夫、吸口鮎。

【特徵】體半圓筒形，側寬，尾鰭淺叉形。口下位。背鰭寬大，腹部扁平，左右腹鰭相連成吸盤。從腹面看像個小琵琶，又稱琵琶魚。體暗褐色，佈滿黑色斑點。

【身長】18～27 公分。

【原產地】南美洲的巴西、委內瑞拉。

【雌雄區別】性成熟的雌魚腹部比雄魚略膨脹。

【飼養難度】容易飼養。

【食性】雜食性，動物性餌料和植物性餌料它們都吃。

【繁殖方法】卵生魚類，繁殖方法不詳。

【繁殖能力】非常困難。

【pH】6.2～7.6。

【硬度】7～11。

【水溫】22～30℃。

【放養形式】可與大型熱帶魚混養，同類之間有時發生爭鬥，在飼養時應加以注意。

【活動區域】底層水域或水族箱壁。

【特殊要求】水族箱內放置石塊。

214. 黃金大帆女王琵琶

Pterygopricbtbys gibbiceps var.

【特徵】是白子類品種，具有很大的背鰭，身上隱約可見大的斑點，嘴下有吸盤。

【身長】40～50公分。

【原產地】是人工繁殖種，親本原產於南美巴拉圭水系。

【雌雄區別】性成熟的雌魚腹部比雄魚略膨脹。

【飼養難度】容易飼養。

【食性】雜食性，動物性餌料和植物性餌料它們都吃。

【繁殖方法】卵生魚類，繁殖方法不詳。

【繁殖能力】非常困難。

【pH】6.0～7.0。

【硬度】5～12。

【水溫】23～28℃。

【放養形式】可與大型熱帶魚混養。

【活動區域】底層水域。

【特殊要求】須注意其會騷擾垂死與體表受傷的魚隻。

歧鬚鯰科 Mochokidae

215. 向天鼠魚　*Synodontis nigriventris*

【別名】黑肚朝天鼠魚、向天貓魚、倒天貓頭魚、倒游鯰魚、顛倒鯰、倒吊鼠、反游貓。

【特徵】體前部粗圓，後部側扁；頭較大，鬚3對，下頜鬚有許多分支或有半環形厚唇形成一吸盤。體灰褐色，有密集的黑色斑點，喜歡背朝下、腹朝上游動，搶食時再翻過來。

【身長】6～8公分。

【原產地】薩伊、剛果河、尼羅河。

【雌雄區別】雄魚較雌魚小，雌魚體較肥壯，腹部比雄魚膨脹。

【飼養難度】容易飼養。

【食性】雜食性，動物性餌料和植物性餌料都吃，甚至吃殘餌和死餌。

【繁殖方法】卵生，尚未在水族箱中繁殖成功。

【繁殖能力】極難。

【pH】6.0～7.2。

【硬度】5～9。

【水溫】24～27℃。

【放養形式】向天鼠魚性情溫和，適宜與其他品種的

熱帶魚混養。

【活動區域】中、下層水域。

【特殊要求】在飼養缸裏應多種菊花草、慈姑草、金魚藻等軟性水草，以供其棲息。

216. 仙女鯰　*Synodontis angelicus*

【別名】花鰭歧鬚鯰、滿天星。

【特徵】體呈藍紫色，具白色斑點，如滿天的星星，俗稱滿天星。

【身長】20～35 公分。

【原產地】剛果河。

【雌雄區別】雄魚較雌魚小，雌魚體較肥壯，腹部比雄魚膨脹。

【飼養難度】容易飼養。

【食性】雜食性，動物性餌料和植物性餌料都吃，甚至吃殘餌和死餌。

【繁殖方法】卵生，尚未在水族箱中繁殖成功。

【繁殖能力】極難。

【pH】6.5～7.6。

【硬度】5～9。

【水溫】22～30℃。

【放養形式】魚性粗暴，用細齒攻擊魚直至皮破血流，即使同種魚也互相殘殺，需要注意。

【活動區域】中、下層水域。

【特殊要求】在飼養缸裏應多種軟性水草。

217. 大帆滿天星　*Synodontis eupterus*

【特徵】背鰭和臀鰭很大，游動時張開鰭條，非常漂亮，體呈藍紫色，具白色斑點，如滿天的星星。

【身長】18～26 公分。

【原產地】剛果河。

【雌雄區別】雄魚較雌魚小，雌魚體較肥壯，腹部比雄魚膨脹。

【飼養難度】容易飼養。

【食性】雜食性，動物性餌料和植物性餌料都吃。

【繁殖方法】卵生，尚未在水族箱中繁殖成功。

【繁殖能力】極難。

【pH】6.0～7.4。

【硬度】11～17。

【水溫】24～28℃。

【放養形式】性情溫和，常成群活動，適宜與其他品種的熱帶魚混養。

【活動區域】中、下層水域。

【特殊要求】在飼養缸裏應多種菊花草、慈姑草、金魚藻等軟性水草。

218. 黃帶雙鬚鯰　*Synodontis flavitaeniata*

【別名】橘紅雙鬚鼠。

【特徵】外形似反游貓。體側有橘紅色的縱帶。

【身長】10～20 公分。

【原產地】剛果河。

【雌雄區別】雄魚較雌魚小，雌魚體較肥壯，腹部比雄

魚膨脹。

【飼養難度】容易飼養。

【食性】雜食性，需餵動物性餌料。

【繁殖方法】卵生，尚未在水族箱中繁殖成功。

【繁殖能力】極難。

【pH】6.2～7.3。

【硬度】7～14。

【水溫】22～28℃。

【放養形式】性情溫和，常成群活動，適宜與其他品種的熱帶魚混養。

【活動區域】中、下層水域。

【特殊要求】水族箱內除栽水草外，也要擺設流木、岩塊，以供隱蔽。

斧頭鯊科 Pangasiidae

219. 斧頭鯊　*Pangasius polyurandon*

【別名】虎鯊魚、藍鯊魚。

【特徵】體側扁，腹部圓，無棱線。鬚 2 對。幼魚腹白，其他部分黑色，在陽光照射下會閃閃發光。

【身長】8～15 公分，野生魚長達 50 公分。

【原產地】泰國、馬來西亞、印尼。

【雌雄區別】性成熟的雌魚腹部比較膨脹。

【飼養難度】容易飼養。

【食性】食餌雜，食量大。

【繁殖方法】卵生，雌、雄魚催產比例可選擇在 1：1.5

和 1：1 內，可採用人工授精，將完成受精的卵放入孵化缸中進行孵化。

【繁殖能力】困難。

【pH】6.2～7.3。

【硬度】7～14。

【水溫】23～25℃。

【放養形式】性溫和，適宜與大型熱帶魚混養。

【活動區域】中、下層水域。

【特殊要求】水族箱要大。

棘甲鮎科 Doradidae

220. 棘甲鯰　*Acanthodoras spinosissimus*

【別名】棘鮎。

【特徵】沿體側有 1 列骨板，上有棘刺。背鰭和胸鰭具一樞紐機械結構。頭大，平扁，鬚 3 對。體褐色，有深色斑紋。它利用胸鰭的擺動，發出吱吱響聲。

【身長】10～15 公分，最大的可達 50 公分。

【原產地】南美洲亞馬遜河。

【雌雄區別】性成熟的雌魚腹部比較膨脹。

【飼養難度】容易飼養。

【食性】雜食性，愛吃活餌。

【繁殖方法】卵生，尚未在水族箱中繁殖成功。

【繁殖能力】極難。

【pH】6.2～7.1。

【硬度】7～10。

【水溫】23～28℃。

【放養形式】性溫和，適宜混養。

【活動區域】中、下層水域。

【特殊要求】水族箱要大。

221. 貓嘴鯰　*Xenocara dolichoptera*

【特徵】體細長，略側扁。體深藍色具白色小斑點。頭扁平，吻突出，四周叢生鬚狀突起，密得幾乎看不到嘴，頗像貓，故稱貓嘴鯰。

【身長】10～12 公分。

【原產地】南美洲東北部地區。

【雌雄區別】性成熟的雌魚腹部比較膨脹。

【飼養難度】容易飼養。

【食性】雜食性，愛吃水族箱上的苔類，有時水草也受其害。

【繁殖方法】卵生，產卵在圓筒狀的洞穴裏，由雄魚擔負保衛重任，經 4 天左右孵化。

【繁殖能力】容易，每次產卵 100 粒左右。

【pH】6.2～7.1。

【硬度】7～13。

【水溫】22～28℃。

【放養形式】會吃比它小的魚，不適宜混養。

【活動區域】中、下層水域。

【特殊要求】水族箱要有沉木、石材等隱蔽物。

222. 長鬚雙鰭鯰　*Dianema longibarbis*

【別名】迷你鴨嘴鯰。

【特徵】長鬚雙鰭鯰體色為明亮的淺褐色，全身佈滿黑點。其背鰭基部至吻端成一直線，吻端開裂，尾形如鯽魚尾。

【身長】8～10公分。

【原產地】亞馬遜河流域。

【雌雄區別】性成熟的雌魚腹部比較膨脹。

【飼養難度】容易飼養。

【食性】雜食性，喜吃活餌。

【繁殖方法】卵生，產卵在圓筒狀的洞穴裏，由雄魚擔負保衛重任，經4天左右孵化。

【繁殖能力】困難，每次產卵60粒左右。

【pH】5.7～6.8。

【硬度】4～7。

【水溫】22～28℃。

【放養形式】性溫和，可與小型魚混養。

【活動區域】中、下層水域。

【特殊要求】水族箱要有水草。

223. 弓背鯰　*Brochis splendens*

【別名】皇冠青鼠魚。

【特徵】弓背鯰全身呈淡綠色並閃閃發光，很漂亮。

【身長】7～9公分。

【原產地】亞馬遜河，秘魯的煙比亞卡河。

【雌雄區別】性成熟的雌魚腹部比較膨脹。

【飼養難度】容易飼養。

【食性】雜食性，愛吃水族箱上的苔類。

【繁殖方法】卵生，此魚要達到一定大小才會產卵，而幼魚到成魚之間的成長期非常長，故很難看到此魚產卵。

【繁殖能力】困難。

【pH】6.2～7.3。

【硬度】7～12。

【水溫】23～28℃。

【放養形式】性溫和，是理想的混養魚種。

【活動區域】底層水域。

【特殊要求】對水質無特殊要求，需不含鹽分的淡水。

花鮎科 Pimelodidae

224. 豹斑脂鯰 *Pimelodus pictus*

【別名】美國花貓、豹斑鯰。

【特徵】體裸露。鬚 2 對，細長，後伸超過腹鰭基部。頭稍扁平，吻尖長，尾呈叉狀。體銀白色，具黑色斑點。移動時注意背鰭或胸鰭的硬棘，避免刺傷。

【身長】7～8 公分。

【原產地】南美哥倫比亞。

【雌雄區別】雄魚的背鰭硬棘伸長並成彎曲狀。

【飼養難度】容易飼養。

【食性】雜食性，喜吃活餌。

【繁殖方法】卵生。成功經驗不多。

【繁殖能力】困難。

【pH】6.2～7.3。

【硬度】7～12。

【水溫】25～30℃。

【放養形式】有時吞食極小的魚，可與中型魚同箱飼養。

【活動區域】中、下層水域。

【特殊要求】需在水族箱中擺設流木、岩石等供隱蔽。

脂鯉目 Characiformes

擬鯉科（脂鯉科、加拉辛科）Characinidae

225. 霓虹燈魚　*Hyphessobrycon innesi*

【別名】紅綠燈魚、紅燈魚、紅蓮燈魚。

【特徵】稍側扁，尾鰭叉狀。背鰭較尖，位於背側正中。基色為鮮紅色，配上一條銀藍色霓虹縱帶，鮮豔奪目，在光線的折射條件下，綠又藍，尾柄處呈鮮紅色。背部栗紅色，腹部為銀白色。在游動時，紅綠藍色相映，猶如閃爍的霓虹燈，故稱霓虹燈魚。

【身長】3～4公分。

【原產地】南美洲的秘魯、哥倫比亞、巴西。

【雌雄區別】雄魚臀鰭末端呈尖狀，顏色較深，身體較細；雌魚臀鰭末端呈圓形，顏色較淺，身體較粗壯。

【飼養難度】容易飼養。

【食性】雜食性，喜歡吃活的水蚤。

【繁殖方法】卵生。在預計產卵的頭一天黃昏，把一條腹部膨大的雌魚和一條已經發情的雄魚放入底部鋪置了一層煮過的棕櫚絲的魚缸裏，繁殖缸放置在有柔和光線的地方，親魚一般在翌日產卵，雌魚將卵排出體外，雄魚使之受精，24 小時左右孵化。

【繁殖能力】中等。每次雌魚產卵 150 枚左右。

【pH】6.2～7.3。

【硬度】7～14。

【水溫】24～28℃。

【放養形式】喜歡群居游動，可與其他小型熱帶魚混養。

【活動區域】上、中、下層水域。

【特殊要求】魚膽小，飼養環境要保持安靜，要多置水草、岩石等。另外霓虹燈魚對新水反映敏感，在換水時，最好用晾曬時間較長的水，以防霓虹燈魚患病。

同類品種還有巧克力霓虹魚。

226. 黑蓮燈魚　*Hyphessobrycon herbertaxelrodi*

【別名】黑蓮燈魚、雙線燈魚、黑霓虹燈魚。

【特徵】黑蓮燈魚體呈細長形，稍側扁，尾鰭呈叉形，體暗褐色，上有 1 條金黃色橫線，其下有 1 條黑線。

【身長】3～4 公分。

【原產地】巴西境內的坦克阿里河。

【雌雄區別】雄魚較細長，臀鰭末端略呈尖狀；雌魚較粗壯，臀鰭末端呈圓形。

【飼養難度】容易飼養。

【食性】雜食性，喜歡吃活的水蚤。

【繁殖方法】卵生。將親魚按雌雄 1：1 的比例放進缸裏。親魚入缸後，雄魚激烈地追逐雌魚，雌魚將卵產在水草上，雄魚同時射精，使卵受精。36 小時左右孵化。

【繁殖能力】中等。每次雌魚產卵 200 枚左右。

【pH】6.2～7.0。

【硬度】9～14。

【水溫】22～28℃。

【放養形式】喜歡群居游動，性溫和，適合與紅蓮燈魚、新紅蓮燈魚一起飼養。

【活動區域】上、中、下層水域。

【特殊要求】膽小易受驚，在飼養黑蓮燈魚的魚缸裏應多種闊葉水草。

227. 紅裙魚　*Hyphessobrycon flammeus*

【別名】火焰魚、燈火魚、紅裙子、紅半身、紅半身魚、半身魚。

【特徵】體紡錘形，身體前半部較寬，後半部突然變窄，似乎少了一塊肉，故稱半身魚。頭部和背部為暗綠色，身體後半部為紅色。背鰭、腹鰭、臀鰭、尾鰭均為紅色，故名為紅半身或半身紅。胸鰭上方有兩條淺黑色豎紋。在繁殖期，身體的各部分變成淺紅色。幼魚顏色不明顯，性成熟後顏色更鮮豔。

【身長】3～4 公分。

【原產地】巴西。

【雌雄區別】6 月齡性成熟後，雄魚腹鰭、臀鰭邊緣

圍了一圈黑邊，腹鰭紅豔，體形瘦長；雌魚腹鰭、臀鰭沒有黑邊，腹鰭顏色較淡，體型比雄魚粗壯，腹部膨大。

【飼養難度】容易飼養。

【食性】雜食性，喜歡食動物性餌料。

【繁殖方法】黏性卵。將親魚按雌雄 1：1 的比例放進缸裏。親魚入缸後，雄魚激烈地追逐雌魚，雌魚將卵產在水草上，雄魚同時射精，使卵受精。36 小時左右孵化。

【繁殖能力】容易。每次雌魚產卵 100～200 枚。

【pH】6.2～7.0。

【硬度】9～14。

【水溫】22～28℃。

【放養形式】喜歡群居游動，性溫和，適合與同科大小相近的魚一起飼養。

【活動區域】上、中、下層水域。

【特殊要求】膽小易受驚，喜歡棲於多水草的水族箱內。

228. 檸檬燈魚　*Hyphessobrycon pulchripinnis*

【別名】檸檬翅魚。

【特徵】體色淡黃，臀鰭前緣鮮黃色，魚體兩側為銀白色，眼上部鮮紅，並有淡黃色的脂鰭。雖然現已繁育出白色品種，但絕大多數養魚者仍喜歡原品種的色彩。把檸檬燈魚放養在水草茂密的水族箱內，用黑色背景（如漂流木）襯托，其雅致俊逸，俏麗不俗的神韻將呈現在你的眼前。

【身長】4～5公分。

【原產地】南美洲的亞馬遜河。

【雌雄區別】仔細觀察時會發現雄魚較細長；雌魚較粗壯。

【飼養難度】容易飼養。

【食性】雜食性，喜歡食動物性餌料。

【繁殖方法】黏性卵。將親魚按雌雄 1：2 的比例放進缸裏。親魚入缸後，雄魚激烈地追逐雌魚，雌魚將卵產在水草上，雄魚同時射精，使卵受精。36 小時左右孵化。

【繁殖能力】容易。每次雌魚產卵 200 枚左右。

【pH】5.5～7.0。

【硬度】16～27。

【水溫】22～28℃。

【放養形式】宜和性情溫和的小魚同養。

【活動區域】上、中、下層水域。

【特殊要求】膽小易受驚，喜歡棲於多水草的水族箱內。

同類品種還有紅眼白檸檬燈魚、七彩檸檬燈、藍國王燈等。

229. 新大鉤扯旗魚　*Hyphessobrycon socolofi*

【別名】新大帆扯旗魚、新大鉤帆鰭魚。

【特徵】是這屬中個體較大的，鰓蓋後體側中部有紅色大斑點，背鰭高而長，姿態優美。

【身長】6～8 公分。

【原產地】南美洲的巴西、哥倫比亞。

【雌雄區別】雄魚背鰭較長，雌魚體型較大。

【飼養難度】容易飼養。

【食性】雜食性，喜歡吃小型活食。

【繁殖方法】黏性卵。將親魚按雌雄 1：2 的比例放進缸裏，在水族箱中用水草或尼龍絲作產卵床，雌魚產卵雄魚受精，在 20～30 小時內孵化。

【繁殖能力】稍難。每次雌魚產卵 200～400 粒。

【pH】6.5～7.0。

【硬度】10～17。

【水溫】23～28℃。

【放養形式】性溫和，可與其他同型的魚共養。

【活動區域】上、中、下層水域。

【特殊要求】需要多水草的水族箱。

230. 紅扯旗魚　*Hyphessobrycon serpae*

【別名】紅旗魚、紅帆鰭魚。

【特徵】魚體呈紡錘形，側扁，尾鰭呈叉形，鰭肩部有黑色長紋，臀鰭有黑邊，尾鰭紅色。

【身長】4～5 公分。

【原產地】亞馬遜河。

【雌雄區別】雄魚體小背鰭長，雌魚體稍大而背鰭短。

【飼養難度】容易飼養。

【食性】雜食性，喜歡吃小型活食。

【繁殖方法】黏性卵。將親魚按雌雄 1：2 的比例放進缸裏，雌魚產卵雄魚受精，在 36 小時內孵化。

【繁殖能力】容易。每次雌魚產卵 200～400 粒。

【pH】6.5～7.0。

【硬度】8～14。

【水溫】23～28℃。

【放養形式】性溫和，能與其他溫和魚共飼養。

【活動區域】上、中、下層水域。

【特殊要求】最好隔離飼養，避免雜交。

同類品種還有黃肚旗魚。

231. 紅旗　*Hyphessobrycon callistus callistus*

【特徵】體色為紅銅色，體側前方有一個縱斑，是辨別的主要特徵，尾鰭、臀鰭、腹鰭、胸鰭末端為鮮豔的紅色，因此得名。

【身長】4～5公分。

【原產地】亞馬孫南端盆地及巴拉圭盆地。

【雌雄區別】雄魚體小背鰭長，雌魚體稍大而背鰭短。

【飼養難度】容易飼養。

【食性】雜食性，可吃人工飼料。

【繁殖方法】黏性卵。將親魚按雌雄1：1的比例放進缸裏，雌魚產卵雄魚受精。

【繁殖能力】容易。每次雌魚產卵 100 粒左右。

【pH】5.5～7.5。

【硬度】9～12。

【水溫】23～28℃。

【放養形式】有追逐其他魚的習慣，所以不適合與游泳緩慢的魚種混養。

【活動區域】上、中、下層水域。

【特殊要求】需要水草。

同類品種還有大帆紅旗、紅尾夢幻旗。

232. 黑線燈魚　*Hyphessobrycon scholzei*

【別名】一枝梅魚、黑線魚、黑光管魚、黑紋霓虹脂鯉魚。

【特徵】體稍寬呈卵圓形。頭短，腹部圓。體銀灰色，腹部乳白，鰓蓋後至尾柄有 1 條長的粗線，尾柄部有黑色大斑點。在光線照射下，鱗閃光如珍珠色，橫的黑線會變成深藍色。

【身長】4～6 公分。

【原產地】亞馬遜河。

【雌雄區別】雌魚的體幅比雄魚的體幅寬。

【飼養難度】容易飼養。

【食性】雜食性，喜歡吃細小的活食。

【繁殖方法】黏性卵，把挑選的親魚按雌雄 1：1 的比例放進缸裏，並放一層小卵石，翌日黎明前產卵開始，雄魚接著受精，在 24 小時內孵化。在氣溫較高的季節，把黑線燈魚親魚放在室外的大水池中令其自行交配也能獲得成功。

【繁殖能力】容易。每次雌魚產卵 250 粒左右。

【pH】6.5～7.0。

【硬度】8～14。

【水溫】23～28℃。

【放養形式】性溫和，能與小型魚混養。

【活動區域】上、中、下層水域。

【特殊要求】水族箱要多植水草。

233. 紅眼黃金燈　*Hyphessobrycon sp.*

【特徵】體稍寬呈卵圓形，頭短，腹部圓。紅色的眼睛配上貫穿體軸的金色條紋，是值得燈魚迷花時間收集的魚種。

【身長】3～5公分。

【原產地】亞馬遜河流域。

【雌雄區別】雌魚的體幅比雄魚的體幅寬。

【飼養難度】容易飼養。

【食性】雜食性，喜歡吃細小的活食。

【繁殖方法】黏性卵，把挑選的親魚按雌雄 1：1 的比例放進缸裏，並放一層小卵石，雌魚在黎明前產卵，雄魚接著受精，在 24 小時內孵化。

【繁殖能力】容易。每次雌魚產卵 300 粒左右。

【pH】5.5～7.5。

【硬度】9～12。

【水溫】22～28℃。

【放養形式】性溫和，能與小型魚混養。

【活動區域】上、中、下層水域。

【特殊要求】水族箱要多植水草。

234. 紅印魚　*Hyphessobrycon erythrostigma*

【特徵】體側扁而較高。體色為深紅色，體側有一明顯的血紅色斑塊，背鰭有黑色斑點。

【身長】6～9公分。

【原產地】秘魯、哥倫比亞、巴西等國境內亞馬遜河上游流域。

【雌雄區別】雄魚的背鰭和臀鰭呈鐮刀狀，背鰭約為體長的一半，游動起來姿態富貴優雅，雌魚各鰭則短而圓。

【飼養難度】容易飼養。

【食性】雜食性偏肉食性，可餵食冷凍乾燥餌料，紅蟲或孑孓等活餌。

【繁殖方法】卵生，把挑選的親魚按雌雄 1：1 的比例放進缸裏，並放一層小卵石，雌魚產卵，雄魚受精，在 36 小時內孵化。

【繁殖能力】容易。每次雌魚產卵 250 粒左右。

【pH】5.5～6.5。

【硬度】5～9。

【水溫】24～28℃。

【放養形式】性溫和，可和較大或其他溫和性的魚種一起混養。

【活動區域】上、中、下層水域。

【特殊要求】水族箱要多植水草。

235. 頭尾燈魚　*Hemigrammus ocellifer*

【別名】眼斑半線脂鯉、燈籠魚、提燈魚、車燈魚、信號燈魚、電燈魚、提燈魚。

【特徵】體呈紡錘形，稍側扁，半透明狀，背鰭較尖，鰓蓋後緣以及尾柄部分有金色光澤以及對應的黑色斑點，眼睛為紅色，素淨之中帶有色彩。

【身長】4～5 公分。

【原產地】亞馬遜河，圭亞那。

【雌雄區別】雄魚體色略深，臀鰭較長，末端呈尖狀，

背鰭有白色斑點，體型略瘦長；雌魚臀鰭末端呈圓形，背鰭無白斑點，身體較寬而肥大，腹部膨大。

【飼養難度】容易飼養。

【食性】雜食性，以小型活食為主。

【繁殖方法】卵生，把挑選的親魚按雌雄 1：1 的比例放進缸裏，並放一層小卵石，雌魚產黏性卵，雄魚受精，在 36 小時內孵化。

【繁殖能力】容易。每對親魚每次可產卵 500 粒左右，多者可達 800 粒以上。

【pH】5.5～6.5。

【硬度】9～12。

【水溫】24～27℃。

【放養形式】性溫和，喜群游，宜和同類魚混養。

【活動區域】上、中、下層水域。

【特殊要求】繁殖時光線不能太強，需遮擋直射光。

236. 紅線光管魚　*Hemigrammus gracilis*

【特徵】體稍延長，側扁。頭小吻短。背鰭起點在腹鰭起點後上方；胸鰭後伸不及腹鰭；腹鰭後伸達臀鰭起點。體綠色，在透明的體中央，由眼的上部直至尾柄有 1 條紅線，受光照射會變成金黃色，似光管。

【身長】3～5 公分。

【原產地】亞馬遜河，圭亞那。

【雌雄區別】雄魚臀鰭末端呈尖狀，顏色較深，身體較細；雌魚臀鰭末端呈圓形，顏色較淺，身體較粗壯。

【飼養難度】容易飼養。

【食性】雜食性，喜歡吃活的水蚤。

【繁殖方法】卵生。把腹部膨大的雌魚和已經發情的雄魚放入底部鋪置了一層煮過的棕櫚絲的魚缸裏，繁殖缸放置在有柔和光線的地方，雌魚將卵排出體外，雄魚使之受精，24 小時左右孵化。

【繁殖能力】中等。每次雌魚產卵 150 枚左右。

【pH】6.2～7.3。

【硬度】7～14。

【水溫】22～28℃。

【放養形式】喜歡群居游動，可與其他小型熱帶魚混養。

【活動區域】上、中、下層水域。

【特殊要求】魚膽小，飼養環境要保持安靜，要多置水草、岩石等。

237. 紅燈管　*Hemigrammus erytbrozonus*

【特徵】水族館最普遍的燈魚之一。體軸有一條螢光桃紅色的條紋貫穿，背鰭基部有一抹紅彩，臀鰭末端為白色。飼養狀況良好的話，桃紅色條紋會微微發光，彷彿像是真的霓虹燈一樣。

【身長】3～5 公分。

【原產地】圭亞那的埃塞圭河。

【雌雄區別】雄魚臀鰭末端呈尖狀；雌魚臀鰭末端呈圓形，身體較粗壯。

【飼養難度】容易飼養。

【食性】雜食性，喜歡吃活的水蚤。

【繁殖方法】卵生。把選擇好的成熟雌魚和雄魚放入底部鋪置了一層煮過的棕櫚絲的魚缸裏，雌魚將卵排出體外，雄魚使之受精，24 小時左右孵化。

【繁殖能力】中等。每次雌魚產卵 150 枚左右。

【pH】5.5～7.5。

【硬度】9～12。

【水溫】22～28℃。

【放養形式】喜歡群居游動，可與其他小型熱帶魚混養。

【活動區域】上、中、下層水域。

【特殊要求】要多置水草、岩石等。

同類品種還有白化紅燈管。

238. 黑十字魚　*Hemigrammus caudovittatus*

【別名】半線脂鯉，金十魚。

【特徵】黑十字魚體背青黃色，腹部銀白色。每個鰭都為紅色，但尾鰭根部卻有個黑色的十字花紋，故稱為「黑十字魚薄？

【身長】8～12 公分。

【原產地】阿根廷境內的布宜諾賽勒斯地區和烏拉圭。

【雌雄區別】雌魚大於雄魚，且腹部隆起，容易分辨。

【飼養難度】容易飼養。

【食性】雜食性，以小型活食為主。

【繁殖方法】卵生，需在水族箱內植滿水草，把挑選的親魚按雌雄 1：1 的比例放進缸裏，雌魚早上產黏性卵，雄魚受精，在 24 小時內孵化。

【繁殖能力】容易。每對親魚每次可產卵 200 粒左右。

【pH：7.0～7.5。

【硬度：12～20。

【水溫：21～28℃。

【放養形式】不可與小型魚共養，因為它會追逐小魚。

【活動區域】中、下層水域。

【特殊要求】需要較大的飼養空間。

同類魚還有紅眼紅十字魚。

239. 紅十字魚 *Hemigrammus caudovittatus*

【別名】十字魚。

【特徵】魚體身體纖細，顏色美麗，背青黃色，腹部銀白色。每個鰭都為紅色，在尾鰭根部卻有個紅色的十字花紋，故稱為「紅十字魚」。

【身長】6～10 公分。

【原產地】阿根廷境內的布宜諾賽勒斯地區和烏拉圭。

【雌雄區別】雌魚身體肥大，雄魚身體瘦小。

【飼養難度】容易飼養。

【食性】雜食性，愛吃動物性餌料。

【繁殖方法】卵生，需在水族箱內植滿水草，把挑選的親魚按雌雄 1：1 的比例放進缸裏，雌魚早上產黏性卵，雄魚受精，在 24 小時內孵化。

【繁殖能力】容易。每對親魚每次可產卵 200 粒左右。

【pH】6.8～7.2。

【硬度】6～9。

【水溫】18～32℃。

【放養形式】不可與小型魚共養，因為它愛襲擊其他小型熱帶魚。

【活動區域】中、下層水域。

【特殊要求】需要較大的飼養空間。

240. 黃金燈魚　*Hemigrammus rodwayi*

【特徵】體型與紅十字魚相似。尾柄部有 1 小黑斑點，體表上面有發光細菌寄生，因此發出金色的閃耀光芒，故稱為「黃金燈魚」。

【身長】3～4 公分。

【原產地】亞馬遜河，圭亞那。

【雌雄區別】雌、雄魚不易區別，只有在抱卵時雌魚腹部稍大。

【飼養難度】容易飼養。

【食性】雜食性，以小型活食為主。

【繁殖方法】卵生，需在水族箱內植滿水草，把挑選的親魚按雌雄 1：1 的比例放進缸裏，雌、雄魚產卵受精，在 28 小時內孵化。

【繁殖能力】容易。每對親魚每次可產卵 250 粒左右。

【pH】6.5～7.5。

【硬度】9～12。

【水溫】22～28℃。

【放養形式】性溫和，喜群泳，可與其他小型魚混養。

【活動區域】中、下層水域。

【特殊要求】對水質變化敏感，每次只能換掉 1/3 的水。

241. 紅鼻剪刀魚　*Petitella georgiae*

【別名】紅鼻魚、紅頭魚、紅頭帽魚。

【特徵】紅鼻魚體呈細長形，稍側扁，尾鰭呈叉形，紅鼻魚體基色為黃綠色，腹部白色，從魚體中部向後有一條黑色條紋，延至尾鰭中部。除尾鰭外，其餘各鰭均透明。從頭部前端至胸鰭的上半部為鮮紅色，故稱為紅鼻魚或紅頭魚。普通的紅鼻魚為黑白條紋各 3 條。紅鼻剪刀魚則為黑白條紋各 5 條，最著名。

【身長】4～5 公分。

【原產地】南美洲的巴西、委內瑞拉。

【雌雄區別】雄魚較細長；雌魚較粗壯，性成熟的雌魚腹部比較膨脹。

【飼養難度】中等。

【食性】雜食性，以吃動物性餌料。

【繁殖方法】卵生，需在水族箱內植滿水草，把挑選的親魚按雌雄 1：1 的比例放進缸裏，雌、雄魚產卵受精，在 48 小時內孵化。

【繁殖能力】中等，一年可繁殖 10 次左右。每對親魚每次可產卵 250 粒左右，多者可達 400 粒以上。

【pH】5.5～6.5。

【硬度】5～9。

【水溫】20～25℃。

【放養形式】性情溫和，適宜與其他品種的小型熱帶魚混養。

【活動區域】中、下層水域。

【特殊要求】需要水草。

同類品種還有亞洲紅鼻。

242. 銀屏魚　*Moenkhausia sanctaefilomenae*

【別名】紅目魚、燈眼魚。

【特徵】體呈卵原形，側扁。頭小眼大。有銀色小鱗片，眼睛周圍有紅色，尾柄有黑紋。眼上部有鮮紅色斑紋，在光的照射下，閃閃發光，像一盞盞紅色小燈，故又有電燈眼之稱。

【身長】4～5公分。

【原產地】亞馬遜河、圭亞那、巴拉圭、玻利維亞東部、秘魯東部及巴西西部。

【雌雄區別】8月齡性成熟後，魚在外觀上略發生變化。雄魚略顯瘦小，游動迅速；雌魚略粗壯，腹部較膨大。

【飼養難度】容易飼養。

【食性】雜食性，以動物性餌料為主。

【繁殖方法】卵生，需在水族箱內植滿水草，把挑選的親魚按雌雄1：1的比例放進缸裏，雌、雄魚產卵受精，在36小時左右孵化。

【繁殖能力】容易。每對親魚每次可產卵200粒左右，多者可產400粒以上。

【pH】5.8～7.5。

【硬度】10～30。

【水溫】22～28℃。

【放養形式】性溫和，可與其他小型魚混養。

【活動區域】上、中、下層水域。

【特殊要求】需要水草。

243. 鑽石燈 *Moenkhausia pittieri*

【特徵】底色是鐵灰色，原生種就是大帆長鰭狀，特別是腹鰭延長十分特別。閃耀的鱗片出現在飼養狀況良好的時候，上緣成鮮紅色的眼睛別具特色。

【身長】5～8公分。

【原產地】委內瑞拉水域。

【雌雄區別】雄魚略顯瘦小，游動迅速；雌魚略粗壯，腹部較膨大。

【飼養難度】容易飼養。

【食性】雜食性，以動物性餌料為主。

【繁殖方法】卵生，需在水族箱內植滿水草，把挑選的親魚按雌雄1：1的比例放進缸裏，雌、雄魚產卵受精，在36小時左右孵化。

【繁殖能力】容易。每對親魚每次可產卵200～300粒。

【pH】6.5～7.5。

【硬度】8～12。

【水溫】24～28℃。

【放養形式】性溫和，可與其他小型魚混養。

【活動區域】上、中、下層水域。

【特殊要求】需要水草。

244. 拐棍魚 *Thayeria abliqua*

【別名】企鵝魚、斜魚、黑白線魚。

【特徵】體長形，稍側扁，全身銀灰色。各鰭透明，淺黃色，至尾部轉為灰綠色，身體兩側各有一條深黑色縱

向條紋，自鰓蓋至尾鰭下端，十分醒目，像一根拐棍鑲在魚身上，故名拐棍魚。尾鰭下葉向下斜傾，縱紋也向下傾斜。拐棍魚在水中休息時，尾部會漸漸下沉，使魚體傾斜地停留在水體中，故又稱斜魚。由於身體銀灰色，而身體每側各有一條明顯的黑色縱紋，當傾斜停留在水中時，甚像企鵝，故又名企鵝魚。

【身長】4～5公分。

【原產地】南美洲的巴西、亞馬遜河流域。

【雌雄區別】性成熟的雄魚較細長；雌魚腹部較膨脹。

【飼養難度】容易飼養。

【食性】雜食性，以動物性餌料為主。

【繁殖方法】卵生，需在水族箱內植滿水草，把挑選的親魚按雌雄1：1的比例放進缸裏，雌、雄魚產卵受精，在36小時左右孵化。

【繁殖能力】容易。每對親魚每次可產卵400粒左右，多者可達1000粒以上。

【pH】6.5～7.5。

【硬度】8～19。

【水溫】20～25℃。

【放養形式】性溫和，可與其他小型魚混養。

【活動區域】上、中、下層水域。

【特殊要求】需要水草。

同類的品種還有曲棍魚、金銀帶魚、小企鵝、大帆企鵝燈。

245. 黑裙魚 *Gymnocorymbus ternetzi*

【別名】裸頂脂鯉、黑牡丹魚、黑掌扇魚、半身魚、喪服魚。

【特徵】體呈卵圓形，側扁，魚體的後半部為黑色。胸鰭、腹鰭與尾鰭均無色透明。黑裙魚的顏色隨著年齡的增長而逐漸由黑變灰。黑裙魚的臀鰭寬大，游泳時很像一條飄動的裙子或搖動的扇子，故名為黑裙魚和黑掌扇魚。又因體前半身較寬大，後半身突然變得細小，似乎身體少了半身，故又名半身魚。

【身長】5～8 公分。

【原產地】巴拉圭，巴西，阿根廷。

【雌雄區別】雄魚體較細長，背鰭、臀鰭為黑色，鰭末端尖而長，魚體顏色較黑；雌魚體較粗壯，背鰭、臀鰭顏色較淡，鰭末端短而圓，魚體顏色較淡，腹部較膨脹。

【飼養難度】容易飼養。

【食性】雜食性，任何飼料都吃。

【繁殖方法】卵生，需在水族箱內植滿水草，把挑選的親魚按雌雄 1：1 的比例放進缸裏，雌、雄魚產卵受精，在 24 小時左右孵化。

【繁殖能力】容易。每對親魚每次可產卵 600 粒左右，多者可達 1000 粒以上。

【pH】6.8～7.2。

【硬度】6～9。

【水溫】24～26℃。

【放養形式】性溫和，適宜和小魚一同混養。

【活動區域】上、中、下層水域。

【特殊要求】膽小，宜避免使其受到驚嚇，需要水草。
同類品種還有大帆黑裙魚、金裙。

246. 紅翅魚□*phyocharax anisitsi*

【別名】紅鰭脂鯉、細脂鯉。

【特徵】背鰭起點約位於腹鰭和臀鰭起點之間；臀鰭基部長；尾鰭深分叉。體銀白色稍帶黃色，各鰭深紅似血，故有「血鰭」之稱。

【身長】4～5公分。

【原產地】南美洲的阿根廷，巴拉圭。

【雌雄區別】成熟的雌魚比雄魚肥大，雄魚的顏色比雌魚鮮豔。

【飼養難度】容易飼養。

【食性】雜食性，餵以活餌或海水魚用的高營養餌為佳。

【繁殖方法】卵生，雌、雄魚配對後，跳出水面產卵，卵再落入水底，為無黏性的沉水性卵，卵約經 30 小時孵化。

【繁殖能力】容易。一對親魚每次可產卵 120 粒左右。

【pH】6.5～7.3。

【硬度】8～19。

【水溫】22～24℃。

【放養形式】性溫和，可與其他性情溫和的魚種混養。

【活動區域】上層水域。

【特殊要求】需要水草。

247. 火兔燈　*Aphyocharax rathbuni*

【特徵】全身為檸檬黃色，尾鰭基部以及尾柄處為血紅色，各鰭的末端成白色，游動時引人注目。

【身長】4～6 公分。

【原產地】巴拉圭境內水域。

【雌雄區別】成熟的雌魚比雄魚肥大，雄魚的顏色比雌魚鮮豔。

【飼養難度】容易飼養。

【食性】雜食性，喜歡活的水蚤。

【繁殖方法】卵生，雌、雄魚配對後，跳出水面產卵，卵再落入水底，為無黏性的沉水性卵，卵約經 30 小時孵化。

【繁殖能力】容易。一對親魚每次可產卵 150～200 粒。

【pH】5.5～6.5。

【硬度】9～12。

【水溫】24～28℃。

【放養形式】性溫和，可與其他性情溫和的魚種混養。

【活動區域】上、中層水域。

【特殊要求】需要水草。

248. 焰尾燈　*Aphyocharax alburnus*

【特性】原生種對水質要求比較嚴格，臺灣人工繁殖種在飼養上則容易許多。

【特徵】體型修長，體表閃耀著金色的光芒，尾鰭基部有如火焰般的色彩。適合群居，建議同一品種成群飼養

才能表現出最美的狀態。

【身長】5～8 公分。

【原產地】巴西南部、巴拉圭、阿根廷等地。

【雌雄區別】成熟的雌魚比雄魚肥大，雄魚的顏色比雌魚鮮豔。

【飼養難度】容易飼養。

【食性】雜食性，餵以活餌或海水魚用的高營養餌為佳。

【繁殖方法】卵生，雌、雄魚配對後，跳出水面產卵，卵再落入水底，為無黏性的沉水性卵，卵在 36 小時內孵化。

【繁殖能力】容易。一對親魚每次可產卵 100 粒。

【pH】5.5～7.5。

【硬度】9～12。

【水溫】20～28℃。

【放養形式】性溫和，宜群居，也可與其他性情溫和的魚種混養。

【活動區域】上層水域。

【特殊要求】需要水草。

249. 長石斧魚　*Triportheus angulatus*

【特徵】體扁平如斧刀，全身銀白，胸鰭長而大，常跳出水面。尾鰭中央的鰭條呈黑色，向後延長。

【身長】18～23 公分。

【原產地】南美洲的亞馬遜河流域。

【雌雄區別】性成熟的雄魚較細長；雌魚腹部較膨脹。

【飼養難度】中等。

【食性】雜食性。

【繁殖方法】卵生，人工繁殖成功不多。

【繁殖能力】困難。

【pH】6.5～7.1。

【硬度】8～13。

【水溫】23～28℃。

【放養形式】不可與小型魚混養。

【活動區域】中、下層水域。

【特殊要求】需要水草。

同類品種還有皇冠斧頭魚。

250. 玻璃扯旗魚　*Pristella riddlei*

【別名】鋸脂鯉、黃扯旗魚、紅尾玻璃魚、玻璃帆鰭魚、紅尾水晶魚、細鋸魚。

【特徵】魚體近似透明，銀白稍帶黃色，頭背部稍隆起。背鰭、臀鰭有鑲白邊的黑斑，尾鰭粉紅，相當迷人。

【身長】4～5公分。

【原產地】南美洲北部的亞馬遜河流域。

【雌雄區別】雄魚魚體較頎長，雌魚體腹中間有銀光色，腹部較圓。

【飼養難度】容易飼養。

【食性】雜食性，宜投餵細小型餌料，並且要注意餌料品種多樣化。

【繁殖方法】卵生，需在水族箱內植滿水草，把挑選的親魚按雌雄 1：1 的比例放進缸裏，雌、雄魚產卵受精，

在 24 小時左右孵化。

【繁殖能力】容易。每對親魚每次可產卵 300～400
粒。

【pH】6.5～7.1。

【硬度】8～19。

【水溫】22～28℃。

【放養形式】性情溫和，喜歡成群游泳，和其他小型
的燈魚類混養。

【活動區域】上、中、下層水域。

【特殊要求】需要水草。

251. 紅尾玻璃魚　*Prionobrama filigere*

【別名】玻璃血翅魚、紅尾鋸鯿魚、紅尾細鋸魚。

【特徵】體形似玻璃扯旗魚。但背鰭起點至吻端距離
大於至尾鰭基部距離；臀鰭外緣鐮刀形，基部較長；胸鰭
長達腹鰭起點。體透明狀，腹部銀白色，尾鰭紅色，鰭條
呈白色並延伸很長。

【身長】4～7 公分。

【原產地】亞馬遜河流域的馬得拉河水域。

【雌雄區別】性成熟的雌魚腹部比較膨脹。

【飼養難度】容易飼養。

【食性】雜食性，可餵食人工飼料。

【繁殖方法】卵生，需在水族箱內植滿水草，把挑選
的親魚按雌雄 1：1 的比例放進缸裏，雌、雄魚產卵受精。

【繁殖能力】容易。每對親魚每次可產卵 100～200
粒。

【pH】5.5～7.5。

【硬度】9～12。

【水溫】23～26℃。

【放養形式】性情溫和，喜歡成群游泳，一次宜混養20尾以上。

【活動區域】上、中、下層水域。

【特殊要求】需要水草。

252. 剛果扯旗魚 *Phenacogrammus interruptus*

【別名】剛果魚。

【特徵】體紡錘形，下頜突出。有珍珠色的大鱗，在光線照射下顯示出七彩變化。

【身長】7～10公分。

【原產地】非洲剛果。

【雌雄區別】雄魚的背鰭大而長，尾鰭中央突出，成為三叉尾，最易區別。

【飼養難度】容易飼養。

【食性】雜食性，可餵食人工飼料。

【繁殖方法】卵生，選擇大型水族箱，遮光呈黑暗狀態，放入尼龍絲或水草，再放2尾雄魚，4尾雌魚，集體產卵，3～4天孵化。

【繁殖能力】較難。每對親魚每次可產卵100～300粒。

【pH】5.5～7.0。

【硬度】9～12。

【水溫】24～26℃。

【放養形式】群游，可與其他性格溫和的魚共飼養。

【活動區域】上、中、下層水域。

【特殊要求】飼養剛果扯旗魚的水要清，否則，容易引起爛鰭病。

253. 黑旗魚　*Megalamphodus megalopterus*

【別名】黑扯旗魚。

【特徵】黑扯旗魚體呈紡錘形，側扁，尾鰭呈叉形，全身淡黑色，鰓蓋後方有一大型黑斑。

【身長】4～5公分。

【原產地】南美洲的巴西。

【雌雄區別】雌魚的脂鰭和腹鰭鮮紅色。

【飼養難度】容易飼養。

【食性】雜食性，喜吃活餌。

【繁殖方法】卵生，需在水族箱內植滿水草，把挑選的親魚按雌雄 1：1 的比例放進缸裏，雌魚產卵於水草叢中，約經 1 天孵化。

【繁殖能力】容易。每對親魚每次可產卵 200～300粒。

【pH】6.1～7.5。

【硬度】4～10。

【水溫】22～28℃。

【放養形式】性情溫和，宜混養。

【活動區域】上、中、下層水域。

【特殊要求】需要水草。

254. 紅衣夢幻旗　*Megalamphodus sweglesi var.*

【特徵】寬大高舉的背鰭是顯眼的黑色，脂鰭、腹鰭與臀鰭是鮮紅色，體色是美麗的金黃色，體中央有一明顯的黑斑，黑斑兩側有金黃色的光芒。

【身長】4～6公分。

【原產地】秘魯及哥倫比亞的特定水域。

【雌雄區別】雄魚背鰭伸長。

【飼養難度】容易飼養。

【食性】雜食性，可餵食人工飼料。

【繁殖方法】卵生，需在水族箱內植滿水草，把挑選的親魚按雌雄 1：1 的比例放進缸裏，雌、雄魚產卵受精。

【繁殖能力】困難。每對親魚每次可產卵 150～250 粒。

【pH】5.5～6.0。

【硬度】9～12。

【水溫】26～28℃。

【放養形式】性情溫和，適合一大群飼養。

【活動區域】上、中、下層水域。

【特殊要求】多栽植些水草。

255. 新紅蓮燈魚　*Paracheirodon simulans*

【別名】寶蓮燈、新日光燈魚。

【特徵】魚嬌小纖細，體側扁，呈紡錘形，頭、尾柄較寬，吻端圓鈍。最明顯的特色是，身體上半部有一條明亮的藍綠色帶，下方後腹部有一塊紅色斑塊，全身帶有金屬光澤，閃閃發光，游動時特別美麗。

【身長】4～5公分。

【原產地】亞馬遜河。

【雌雄區別】雌魚體要較雄魚寬，腹部顯的膨大；雄魚雖較雌魚窄細，但其色彩要較雌魚亮麗多彩。

【飼養難度】容易飼養。

【食性】雜食性，選一些體形細小的活餌來餵養。

【繁殖方法】卵生。雌魚腹部脹大時，選擇有活力的雄魚交配。在黃昏時放入水族箱，保持陰暗狀態，光線太強時要遮光。通常在早晨產卵，24 小時即可孵化。

【繁殖能力】中等。每次雌魚產卵 120 枚左右。

【pH】6.2～7.3。

【硬度】7～14。

【水溫】23～28℃。

【放養形式】喜歡群居游動，可與其他小型熱帶魚混養。

【活動區域】上、中、下層水域。

【特殊要求】魚膽小，飼養環境要保持安靜，要多置水草、岩石等。

256. 日光燈魚　*Paracheirodon strigata*

【特徵】身上有一條藍色霓虹縱帶，縱帶上方呈褐色，下方為鮮紅色，諸鰭無色透明，尾鰭上飾有少許紅色。日光燈在水族箱燈光的照明下，也會散發出螢光般的霓虹色彩。

【身長】2～4公分。

【原產地】南美洲的亞馬遜河上游。

【雌雄區別】雌魚體要較雄魚寬，腹部顯的膨大；雄魚雖較雌魚窄細，但色彩要較雌魚亮麗。

【飼養難度】容易飼養。

【食性】雜食性，選一些體形細小的活餌來餵養。

【繁殖方法】卵生。雌魚腹部脹大時，選擇有活力的雄魚交配，保持陰暗狀態，通常在早晨產卵，24 小時即可孵化。

【繁殖能力】容易。每次雌魚產卵 200 枚左右。

【pH】6.2～7.0。

【硬度】7～11。

【水溫】25～28℃。

【放養形式】喜歡群居游動，可與其他小型熱帶魚混養。

【活動區域】上、中、下層水域。

【特殊要求】對於水溫極敏感，所以要特別小心，不能讓魚感冒。

257. 食人鯧　*Serrasalmus gibbus*

【別名】黑斑食人鯧魚。

【特徵】體呈卵圓形，側扁，尾鰭呈淺叉形，魚體呈灰綠色，其背部為墨綠色，腹部為鮮紅色。長有鋒利的牙齒，以其兇猛聞名於世，成群的食人鯧魚，經常將誤入水中的動物和牲畜在短時間內吃得只剩白骨。也會將誤入水中的人吃掉。因此，人們把這種美麗的觀賞熱帶魚，稱為食人鯧魚。

【身長】18～25 公分。

【原產地】亞馬遜河，圭亞那，委內瑞拉。

【雌雄區別】雄魚顏色豔麗，個體較小；雌魚個體較大，顏色較淺，性成熟時腹部較膨脹。

【飼養難度】容易飼養。

【食性】肉食性，吃動物性餌料。

【繁殖方法】卵生。繁殖前應先在缸底鋪一層金絲草或乾淨的棕絲，將經過挑選的親魚按雌雄 1：1 的比例放入缸裏，雄魚追逐雌魚時產卵。由雄魚守護。4 天後可孵化出仔魚。

【繁殖能力】容易。在 2～3 天內可產卵約 3000 粒，多者可達 5000 粒以上。

【pH】6.7～7.3。

【硬度】17～24。

【水溫】23～27℃。

【放養形式】性情兇猛，不宜與其他品種的熱帶魚混養。

【活動區域】上、中層水域。

【特殊要求】繁殖時需要大水族箱。

258. 紅食人鯧　*Serrasalmus natterei*

【特徵】體呈卵圓形，側扁，尾鰭叉形。體灰綠色，背部墨綠色，腹部鮮紅色。牙齒銳利，性情兇猛，下顎發達有刺。

【身長】15～30 公分。

【原產地】亞馬遜河，圭亞那，委內瑞拉。

【雌雄區別】雄魚顏色豔麗，個體較小；雌魚個體較

大，顏色較淺，性成熟時腹部較膨脹。

【飼養難度】容易飼養。

【食性】肉食性，以活魚和肉片、人工餌料餵養。

【繁殖方法】卵生。放入雌、雄魚各 1 尾，雄魚追逐雌魚時產卵。卵淡黃色，黏性，透明，由雄魚守護。4 天後可孵化出仔魚。

【繁殖能力】容易。在 2～3 天內可產卵約 2000 粒。

【pH】6.2～7.0。

【硬度】17～23。

【水溫】22～28℃。

【放養形式】不能與其他的魚混養。

【活動區域】上、中層水域。

【特殊要求】繁殖時需要大水族箱。

同類的品種還有銀盤紅食人鯧、銀灰紅食人鯧、斑點紅食人鯧等。

259. 銀板魚 *Mylossoma duriventre*

【特徵】體側扁，體色銀白，魚鰭邊緣帶有紅色邊。

【身長】25～40 公分。

【原產地】亞馬遜河南部水域到阿根廷境內。

【雌雄區別】雄魚顏色豔麗，個體較小；雌魚個體較大，顏色較淺，性成熟時腹部較膨脹。

【飼養難度】中等。

【食性】雜食偏草食性，十分喜愛水生植物。

【繁殖方法】卵生。放入雌、雄魚各 1 尾，雄魚追逐雌魚時產卵，由雄魚守護。

【繁殖能力】容易。雌魚可產卵約 1500 粒。

【pH】6.5～7.5。

【硬度】9～12。

【水溫】22～28℃。

【放養形式】性情溫和但是動作魯莽，不適合混養在造景複雜的缸中。

【活動區域】上、中層水域。

【特殊要求】不可養在水草缸裏。

260. 紅銀板 *Mylossoma bracbypomum*

【特徵】體側扁，體暗褐色，嘴部以下至腹部呈暗紅色，外貌酷似食人魚。

【身長】30～70 公分。

【原產地】南美洲亞馬遜河流域周圍的淡水水域。

【雌雄區別】雄魚顏色豔麗，個體較小；雌魚個體較大，顏色較淺，性成熟時腹部較膨脹。

【飼養難度】中等。

【食性】雜食偏草食性，對餌料不挑剔。

【繁殖方法】卵生。放入雌、雄魚各 1 尾，雄魚追逐雌魚時產卵，由雄魚守護。

【繁殖能力】容易。雌魚可產卵約 3500 粒。

【pH】7.0～8.5。

【硬度】5～9。

【水溫】22～27℃。

【放養形式】不能與其他的魚混養。

【活動區域】上、中層水域。

【特殊要求】繁殖時需要大水族箱。

同類品種還有紅勾銀板。

261. 黑脂鯧　*Mylossoma aureum*

【別名】斧頭銀板魚。

【特徵】體側扁而高，近圓形。頭小，臀鰭長，吻部較尖，脂鰭較小，與銀灰紅食人鯧相似，但體型較大，臀鰭呈深橘紅色。

【身長】20～28 公分。

【原產地】亞馬遜河流域，巴拉圭。

【雌雄區別】雄魚顏色豔麗，個體較小；雌魚個體較大，顏色較淺，性成熟時腹部較膨脹。

【飼養難度】中等。

【食性】雜食偏草食性，偏愛吃水草。

【繁殖方法】卵生。放入雌、雄魚各 1 尾，雄魚追逐雌魚時產卵，由雄魚守護。

【繁殖能力】容易。雌魚可產卵約 1500 粒。

【pH】6.5～7.2。

【硬度】5～7。

【水溫】25～28℃。

【放養形式】此魚性溫和，適合與同樣大小的其他種魚混養。

【活動區域】上、中、下層水域。

【特殊要求】不能養在有水草的水族箱中。

262. 七彩霓虹魚　*Telmatherina ladigesi*

【別名】沼銀漢魚。

【特徵】體側有 1 條藍色直條紋貫穿體軸，脂鰭向後延長，而背鰭卻很短小。臀鰭的棘條呈黑色並長長地延伸，是較受歡迎的一種魚。

【身長】5～8 公分。

【原產地】印尼的蘇拉威西島、卡里曼丹。

【雌雄區別】雄魚背鰭與臀鰭會延長成劍狀，外型特殊；雌魚腹部較膨脹。

【飼養難度】中等。

【食性】雜食性，可餵予紅蟲及冷凍食品。

【繁殖方法】卵生。放入雌、雄魚各 1 尾，雄魚追逐雌魚時產卵，卵散佈於植物的細葉之間，並在一週內孵化。

【繁殖能力】容易。雌魚可產卵約 500 粒。

【pH】6.5～7.0。

【硬度】9～12。

【水溫】22～28℃。

【放養形式】性情溫和，適合與其他小型魚混養。

【活動區域】上、中、下層水域。

【特殊要求】需要水草。

263. 盲魚　*Anoptichthys jordani*

【別名】無眼魚、盲眼魚、喬氏盲脂鯉、洞穴盲魚。

【特徵】盲魚是馳名世界的無眼魚，是熱帶觀賞魚中最怪的一種。體延長，較寬。頭大，吻圓鈍。無眼，體白中帶藍或白中帶粉紅色。仔魚有眼，稍後生出薄膜把眼遮

蓋，至成體時無眼，靠側線感覺和嗅覺來覓食。

【身長】6～9 公分。

【原產地】墨西哥。

【雌雄區別】雄魚比雌魚瘦長；雌魚比雄魚粗壯。

【飼養難度】飼養較易。

【食性】雜食性，愛吃動物性餌料。

【繁殖方法】卵生。在水族箱中需放尼龍絲或植苔藻，放入雌、雄魚各 1 尾，雄魚追逐雌魚時產沉性卵，受精卵孵化出仔魚需 2～3 天。

【繁殖能力】容易。雌魚可產卵 300～500 粒。

【pH】7.0～7.5。

【硬度】9～12。

【水溫】22～28℃。

【放養形式】性情溫和，可以單養，也可以混養。

【活動區域】上、中、下層水域。

【特殊要求】空曠的水體。

264. 銀裙魚　*Ctenobrycon spilurus*

【特徵】全身銀白色，胸鰭上的肩部和尾柄有黑點。臀鰭和脂鰭特別發達。

【身長】7～10 公分。

【原產地】圭亞那，委內瑞拉。

【雌雄區別】雄魚臀鰭末端呈尖狀，雌魚臀鰭末端呈圓形。

【飼養難度】容易飼養。

【食性】雜食性，喜歡吃活的水蚤。

【繁殖方法】卵生。把性成熟的雌魚和雄魚放入底部鋪置了一層煮過的棕櫚絲的魚缸裏，繁殖缸放置在有柔和光線的地方，翌日產卵受精，24 小時左右孵化。

【繁殖能力】中等。每次雌魚產卵 150 枚左右。

【pH】6.7～7.6。

【硬度】7～11。

【水溫】22～28℃。

【放養形式】性溫和，可與其他小型熱帶魚混養。

【活動區域】中、下層水域。

【特殊要求】要多種水草。

265. 銀圓魚　*Poptella orbicularis*

【特徵】體呈卵圓形，側扁，尾鰭叉形。體側有銀圓般的色澤，游泳時銀光生輝。

【身長】10～15 公分。

【原產地】圭亞那。

【雌雄區別】雌魚性成熟時腹部較膨脹。

【飼養難度】容易飼養。

【食性】肉食性，喜吃小蚯蚓和紅蟲。

【繁殖方法】卵生。放入雌、雄魚各 1 尾，雄魚追逐雌魚時產卵，由雄魚守護。4 天後可孵化出仔魚。

【繁殖能力】容易。可產卵約 2000 粒。

【pH】6.2～7.0。

【硬度】17～23。

【水溫】21～27℃。

【放養形式】不能與其他的魚混養。

【活動區域】上、中層水域。

【特殊要求】繁殖時需要大水族箱。

266. 濺水魚　*Copella arnoldi*

【別名】四濺花，黑銀蔥。

【特徵】外形並不美，因其產卵習性怪而受歡迎。

【身長】6～8 公分。

【原產地】亞馬遜河流域。

【雌雄區別】雄魚的背鰭、臀鰭與尾鰭都比雌魚長，而體型亦大一些。

【飼養難度】容易飼養。

【食性】雜食性，喜食活餌。

【繁殖方法】卵生。擇成熟的雌、雄魚各 1 尾，放入產卵箱中，不久就會開始產卵。產卵的行動是雌、雄魚並行跳出水面，爬在斜立的玻璃板面，將產出的卵黏貼其上，同時做受精前動作，每次需時約 2 秒鐘。約經 3 天就可孵化。在孵化期間，雄魚在附近看守，經常用尾鰭向魚卵潑水，以防止魚卵乾燥，故得「濺水魚」之名。

【繁殖能力】容易。在 2～3 天內可產卵 100～300 粒。

【pH】6.6～7.0。

【硬度】7～13。

【水溫】24～28℃。

【放養形式】能與其他的魚混養。

【活動區域】上、中層水域。

【特殊要求】水族箱需加蓋，防其跳出。

大鱗脂鯉科 Lebiasimidae

267. 金鉛筆魚　*Nannostomus beckfordi*

【特徵】口端位；多鋒齒；側線不完全；尾鰭下葉較上葉長；無脂鰭。體側有金、黑兩線相貼的橫紋，尾柄鮮紅。

【身長】4～5 公分。

【原產地】亞馬遜河，圭亞那。

【雌雄區別】在發情期間，雄魚尾柄及臀鰭的紅色均變為深紅色。

【飼養難度】容易飼養。

【食性】雜食性，喜吃活餌，幹餌或冷凍的餌食也可。

【繁殖方法】卵生。水族箱水深需超過 20 公分。往往於黃昏時，雌、雄魚並肩而游，產卵於草的背面，產卵後移出親魚，受精卵經 48 小時左右的孵化可孵出仔魚。

【繁殖能力】稍難。一對親魚每次可產卵約 50 粒。

【pH】6.2～7.0。

【硬度】7～13。

【水溫】23～28℃。

【放養形式】喜群游，能混養。

【活動區域】上、中層水域。

【特殊要求】需要水草和陽光照射的水族箱。

268. 紅鰭鉛筆魚　*Nannostomus trifasciatus*

【別名】三線鉛筆魚、金銀帶。

【特徵】體側有 3 條黑紋貫穿，故稱三線鉛筆魚。而其臀鰭、腹鰭、背鰭及尾鰭皆有紅色的美麗斑點，稱之為

「紅鰭鉛筆魚」更為貼切。

【身長】5～6公分。

【原產地】南美洲的亞馬遜河上游。

【雌雄區別】成熟的雌魚腹部比成熟的雄魚腹部圓，成熟的雄魚體色比成熟的雌魚體色深。

【飼養難度】容易飼養。

【食性】雜食性，喜吃活餌，乾餌或冷凍的餌食也可。

【繁殖方法】卵生。水族箱水深需超過 20 公分。往往於黃昏時，雌、雄魚並肩而游，產卵於草的背面，要遮光，雌魚吃卵，產卵後移出親魚，受精卵經 48 小時左右的孵化可孵出仔魚。

【繁殖能力】稍難。一對親魚每次可產卵約 50 粒。

【pH】6.2～7.0。

【硬度】7～13。

【水溫】22～28℃。

【放養形式】性溫和，喜群游，能混養。

【活動區域】上、中層水域。

【特殊要求】需要水草和陽光照射的水族箱。

269. 紅肚鉛筆　*Nannostomus beckfordi*

【別名】黑線鉛筆魚、黑線大鉛筆魚。

【特徵】修長的體型與體側中央一條明顯的黑紋是它的特色，體色特別的鮮豔，腹鰭末端有顯著的白點，體側的黑紋兩側呈尾鰭基部與臀鰭是血紅色，紅與黑的搭配十分搶眼。

【身長】3～5公分。

【原產地】南美洲的巴西、哥倫比亞。

【雌雄區別】成熟的雌魚腹部比成熟的雄魚腹部圓。

【飼養難度】容易飼養。

【食性】雜食性，喜食動物性餌料。

【繁殖方法】卵生。繁殖紅肚鉛筆魚的最大難點是親魚極喜吞食卵粒，尤其是雌魚只要看到產下的卵粒，就會馬上吞掉。水族箱水深需超過 20 公分，水族箱中栽植 1 叢鐵皇冠，外加產卵網，雌、雄魚產卵受精於草的背面，產卵後移出親魚，受精卵經 24～30 小時的孵化可孵出仔魚。

【繁殖能力】稍難。一對親魚每次可產卵 200～250粒。

【pH】6.2～7.5。

【硬度】9～12。

【水溫】22～28℃。

【放養形式】性情溫和，可以與其他小型魚混養。

【活動區域】上、中層水域。

【特殊要求】需要水草的水族箱。

同類品種還有五線鉛筆。

上口脂鯉科 Anostomidae

270. 大鉛筆魚　*Anostomus anostomus*

【別名】斑條頭鯰魚、五彩大鉛筆、紅尾上口魚、雙管燈、缺口魚。

【特徵】體較大，延長，前部粗圓筒形，後部稍側扁；

體側具 3 條黑色粗線，尾鰭為鮮豔的朱紅色。口小且稍向上，游動時頭部常向下傾斜。大鉛筆魚在水中靜止時，用其胸鰭緩緩划水，使身體保持水平狀態，猶如一枝平放的鉛筆，故稱其為大鉛筆魚。

【身長】12～15 公分。

【原產地】亞馬遜河，圭亞那。

【雌雄區別】雄魚的臀鰭會出現淡紅色；雌魚在發情期臀鰭仍然呈淺黃色，但其腹部比雄魚膨脹。

【飼養難度】容易飼養。

【食性】雜食性，尤其喜吃青苔與水草。

【繁殖方法】卵生。繁殖前應先在繁殖缸裏鋪一層金絲草，將經過仔細挑選的親魚按雌雄 1：1 的比例放進繁殖缸，雌魚排卵，雄魚同時射精，產卵結束後，應將親魚立即撈出另養，受精卵經過 36 小時左右可孵化出仔魚。

【繁殖能力】容易。一年可繁殖 10 次左右，一對親魚每次可產卵約 150 粒，多者可達 300 粒以上。

【pH】6.2～7.5。

【硬度】9～12。

【水溫】22～27℃。

【放養形式】性情粗暴，常追逐別種魚，同種之間也相互爭鬥，不宜混養。

【活動區域】上、中層水域。

【特殊要求】需要水草的水族箱。

271. 帶紋魚　*Leporinus fasciatus*

【別名】九間鯊、美國九間魚、黑九間魚、兔脂鯉。

【特徵】九間魚體呈長形，稍側扁，兩鼻孔相距近，尾鰭被鱗，鼻尖像兔子，幼魚有 6 條帶紋，成體時變為 10 條。

【身長】20～28 公分。

【原產地】南美洲的巴西。

【雌雄區別】雌魚性成熟時腹部比較膨脹。

【飼養難度】容易飼養。

【食性】雜食性，喜吃水草、人工餌料及其他小魚等。

【繁殖方法】卵生。目前尚無成功。

【繁殖能力】困難。

【pH】6.2～7.3。

【硬度】7～11。

【水溫】22～27℃。

【放養形式】性情兇猛，不宜與小型魚混養。

【活動區域】上、中層水域。

【特殊要求】跳躍力強，水族箱需加蓋，同時不宜種植水草。

同類的品種還有豹紋魚。

胸斧魚科 Gasteropelecidae（Hatchefishes）

272. 陰陽燕子魚　*Carnegiella strigata*

【別名】雲石燕。

【特徵】體側有暗褐色的斜行迷彩狀斑紋，群游時非常美麗。

【身長】5～6公分。

【原產地】秘魯亞馬遜河水域及蓋亞納境內水域。

【雌雄區別】雄魚額頭較雌魚高大。雌魚腹部隆起。

【飼養難度】易。

【食性】雜，偏愛活餌，也可餵予人工飼料。

【繁殖方法】卵生，將配好對的親魚移到繁殖缸，親魚產卵並護卵孵幼。2～3天就會孵化。

【繁殖能力】較易，每次可產卵300～800粒。

【pH】6.4～7.2。

【硬度】5～12。

【水溫】23～26℃。

【放養形式】性情溫和，可以混養。

【活動區域】上、中、下水層。

【特殊要求】應種植水草。

273. 銀燕魚　*Gasteropelecus sternicla*

【別名】胸斧魚、銀斧魚、銀石斧魚、手斧魚、飛魚。

【特徵】形似斧頭而稱銀石斧魚。有脂鰭。胸鰭特別大，猶如一對翅膀在水面上滑翔，又稱銀燕魚。

【身長】5～7公分。

【原產地】亞馬遜河，圭亞那等地。

【雌雄區別】雌魚腹部膨脹隆起。

【飼養難度】易。

【食性】雜食性，怪異，只吃浮在水面附近的食物。主要是因為其頭部朝上，根本無法吃沉在水底的食物。

【繁殖方法】卵生，將配好對的親魚移到繁殖缸，親

魚產卵並護卵孵幼。

【繁殖能力】較難。

【pH】6.3～7.2。

【硬度】5～9。

【水溫】22～30℃。

【放養形式】性情溫和，可以混養。

【活動區域】上層水域。

【特殊要求】常從水裏跳出，因此水族箱一定要加蓋。同類品種還有雲石斧魚。

無齒脂鯉科 Curimatidae

274. 網球魚　*Chilodus punctatus*

【特徵】體色銀灰色，魚鱗很大，每片魚鱗都有黑點，體側上有 1 條由頭至尾的黑線。網球魚游動時，其姿態為尾高頭低，呈倒立狀，十分特別。除了受驚時急游外，平時靜止於水中，較少游動。

【身長】8～11 公分。

【原產地】亞馬遜河，圭亞那等地。

【雌雄區別】雌魚體輻較大，腹部隆起。

【飼養難度】容易。

【食性】雜食性，喜吃青苔、水藻類、青菜葉及紅蟲。

【繁殖方法】卵生，用較大的水族箱種植大型亞馬孫水草。魚產出的卵塊黏附在箱底，產卵 4 天後孵化。也可把卵塊吸出，置於種植有水草的水族箱中，用抽水泵充氣，2～3 天孵化。

【繁殖能力】容易，雌魚一次產卵數量 200～300 粒。

【pH】6.7～7.5。

【硬度】8～12 。

【水溫】22～28℃。

【放養形式】性溫和，宜與同類魚群養。

【活動區域】上、中、下層水域。

【特殊要求】需要水草等隱蔽物。

275. 短鼻六間條紋魚　*Distichodus sexfasciatus*

【別名】短嘴皇冠九間魚、皇冠九間魚。

【特徵】體形同長鼻六間條紋魚，但吻較短。體橘紅色，兩側各有 6～7 條黑色的橫紋，在燈光照射下色彩鮮豔。

【身長】20～30 公分。

【原產地】剛果。

【雌雄區別】雌魚性成熟時腹部較膨脹。

【飼養難度】容易。

【食性】雜食性，喜食水草、絲蚯蚓、紅蟲。

【繁殖方法】卵生，尚沒有成功的經驗。

【繁殖能力】困難。

【pH】6.4～7.1。

【硬度】8～10 。

【水溫】24～28℃。

【放養形式】不宜與小型魚混合飼養。

【活動區域】上、中層水域。

【特殊要求】水族箱最好加蓋以免跳出。

276. 褐色小丑魚 *Distichodus affinisp*

【特徵】魚背鰭、鱗片與脂鰭特別發達，體高，稍扁平，上頜不能伸縮，褐色閃閃生輝。

【身長】10～15 公分。

【原產地】剛果。

【雌雄區別】雌魚腹部隆起。

【飼養難度】容易。

【食性】雜食性，喜吃菠菜及生菜的嫩葉。

【繁殖方法】卵生，尚沒有成功的經驗。

【繁殖能力】困難。

【pH】6.4～7.1。

【硬度】8～10。

【水溫】24～28℃。

【放養形式】不宜與小型魚混合飼養。

【活動區域】中、下層水域。

【特殊要求】不適宜在水族箱中種水草。

鯉形目 Cypriniformes

鯉科 Cyprinidae（minnows or carps）

277. 銀鯊 *Balantiocheilos melanopterus*

【別名】黑鰭袋唇魚、黑眼銀鯊。

【特徵】各鰭呈黃色且具黑邊，體色為銀白色，體型如梭形，背鰭、尾鰭大而尖銳。鬚 2 對。由於銀鯊有酷似鯊魚的外表，所以一直很受大家的喜歡。

【身長】18～22 公分。

【原產地】印尼、泰國、馬來西亞。

【雌雄區別】性成熟後，雄魚瘦長，而雌魚腹部肥大。

【飼養難度】容易。

【食性】雜食性，偏動物性。

【繁殖方法】卵生，尚沒有成功的經驗。

【繁殖能力】困難。

【pH】6.4～7.1。

【硬度】8～10。

【水溫】24～28℃。

【放養形式】性格較溫和，不襲擊其他熱帶魚品種，適合與大型熱帶魚同箱混養，但不宜與小型魚混合飼養。

【活動區域】下層水域。

【特殊要求】水族箱要加蓋。

278. 泰國鯽　*Bardodes schwanenfeldi*

【別名】紅鰭銀鯽魚、紅鰭鯽、紅旗魚。

【特徵】體型、色彩和鯽相似。幼魚無色彩，成魚鱗銀色閃閃，背鰭和尾鰭邊緣有黑、紅雙線，游動起來，就像身上插著一面面小紅旗一般，在水中擺來擺去，特別美麗別致。

【身長】30～35 公分。

【原產地】印尼，泰國，馬來西亞。

【雌雄區別】雄魚色彩鮮明，雌魚體幅較高，腹部隆起。

【飼養難度】容易。

【食性】雜食性，水蚤、水蚯蚓、顆粒飼料及水草、菜葉等均可作為養殖飼料。

【繁殖方法】卵生，要用長度超過 1 公尺的水族箱繁殖。在水族箱內先放置棕櫚皮或水草或尼龍絲，選擇親魚一對，先放雌魚，第二天再放雄魚。待雌、雄魚互相靠近後，雄魚會誘導雌魚產出透明的黏性卵。產卵後，需將親魚立即隔離，受精卵在 20～30 小時內孵化。

【繁殖能力】容易。雌魚每次產卵 300～1000 粒。

【pH】6.4～7.1。

【硬度】8～10。

【水溫】22～26℃。

【放養形式】性情較溫和，可與同類大小的觀賞魚混養。

【活動區域】中、下層水域。

【特殊要求】不適宜在水族箱中種水草。

同類品種還有黑尾泰國鯽。

279. 安哥拉鯽 *Bardodes barilioides*

【特徵】體色有橘色，中帶有深綠色的橫紋，喜好弱酸性的水質。其橘色的體色會變得更加鮮豔，一旦適應環境後即容易飼養。

【身長】6～12 公分。

【原產地】西非、喀麥隆南部。

【雌雄區別】雄魚色彩鮮明，雌魚腹部隆起。

【飼養難度】飼養容易。

【食性】雜食性，水蚤、水蚯蚓、顆粒飼料及菜葉等

均可。

　　【繁殖方法】卵生，在水族箱內先放置水草，選擇親魚一對，產卵後，需將親魚立即隔離，受精卵在 20～30 小時內孵化。

　　【繁殖能力】容易。雌魚每次產卵 400～700 粒。

　　【pH】6.5～6.6。

　　【硬度】3～7。

　　【水溫】24～30℃。

　　【放養形式】性情較溫和，可與同類大小的觀賞魚混養。

　　【活動區域】中、下層水域。

　　【特殊要求】不適宜在水族箱中種水草。

280. T 字鯽魚　*Barbodes lateristriga*

　　【別名】郵戳魚。

　　【特徵】體銀白色，體側有 T 字型黑紋。仔魚孵出後 1 個月即出現 T 字，體長達 10 公分時 T 字最清楚。性成熟時逐漸褪去。

　　【身長】12～20 公分。

　　【原產地】東南亞一帶。

　　【雌雄區別】雄魚色彩鮮明，雌魚體幅較高，腹部隆起。

　　【飼養難度】容易。

　　【食性】雜食性，水蚤、水蚯蚓、顆粒飼料及水草、菜葉等均可。

　　【繁殖方法】卵生，要用長度超過 1 米的水族箱繁殖。

在水族箱內先放置棕櫚皮或水草或尼龍絲，選擇親魚一對，先放雌魚，第二天再放雄魚。待雌、雄魚互相靠近後，雄魚會誘導雌魚產出透明的黏性卵。產卵後，需將親魚立即隔離，受精卵在 20～30 小時內孵化。

【繁殖能力】容易。雌魚每次產卵 1000～3000 粒。

【pH】6.4～7.1。

【硬度】8～10 。

【水溫】22～26℃ 。

【放養形式】稚魚性溫和，長大後會欺負小魚，大魚不可與小型觀賞魚混養。

【活動區域】中、下層水域。

【特殊要求】不適宜在水族箱中種水草。

281. 花丑鯽魚　*Barbodes everetti*

【別名】皇冠鯽，銀條魚，小丑魚。

【特徵】體延長，稍高而側扁。鬚 2 對。背鰭分支鰭條 8～9，末根不分支鰭條為硬刺，尾鰭叉形。體暗紅褐色，有 4 條藍黑色條紋，在光線照射下發出耀眼光彩。

【身長】13～15 公分。

【原產地】馬來西亞，婆羅洲。

【雌雄區別】雄魚色彩鮮明，雌魚體幅較高，腹部隆起。

【飼養難度】容易。

【食性】雜食性，水蚤、水蚯蚓、顆粒飼料及水草、菜葉等均可作為養殖飼料。

【繁殖方法】卵生，要用長度超過 1 米的水族箱繁殖。

在水族箱內先放置棕櫚皮或水草或尼龍絲，選擇親魚一對，雄魚誘導雌魚產出透明的黏性卵。產卵後，需將親魚立即隔離，受精卵在 24～36 小時內孵化。

【繁殖能力】容易。雌魚每次產卵 500～2000 粒。

【pH】6.0～7.2。

【硬度】6～9 。

【水溫】22～26℃。

【放養形式】長大後，會攻擊小型魚，故不能與小魚共養。

【活動區域】中、下層水域。

【特殊要求】種植水草應選擇硬質類的。

282. 七星金條魚　*Bardodes schuberti*

【特徵】七星金條魚是由中國南部出產的七星魚的新品種，是經過人工交配而成的。它全身金色綴以深綠色斑紋。背鰭不分支鰭條 3～4，其末端柔軟，細弱分節。臀鰭分支鰭條 5。

【身長】5～8 公分。

【原產地】中國。

【雌雄區別】雄魚體側有大小不一的斑點，排列成一直線。

【飼養難度】容易。

【食性】雜食性，水蚤、水蚯蚓、顆粒飼料及水草、菜葉等均可。

【繁殖方法】卵生，將雌、雄魚放入多植水草的水族箱中，水質宜微酸性。產卵為黏性卵，經 36 小時後孵化。

【繁殖能力】容易。雌魚每次產卵 300～700 粒。

【pH】6.5～7.3。

【硬度】8～14 。

【水溫】24～26℃。

【放養形式】性情較溫和，可與同類大小的觀賞魚混養。

【活動區域】中、下層水域。

【特殊要求】水族箱中需要種水草。

283. 虎皮魚　*Bardodes schwanenfeldi*

【別名】四間魚、品品魚、黑四間魚、虎鯽魚、紅翩翩魚。

【特徵】體呈紅褐色，下側漸轉銀白色，身體兩側四條黑色橫帶清晰可辨，第一條豎紋通過眼部，第二條在鰓蓋與背鰭之間，第三條起於背鰭末端直達臀鰭起點，第四條在尾鰭基部，故名黑四間魚。以嗜食其他魚的鰭而聞名遐邇。

【身長】4～6 公分。

【原產地】馬來西亞、印尼的蘇門答臘和加里曼丹島。

【雌雄區別】雄虎皮魚鰭上的紅色比雌魚的深，雄魚的鼻部及尾部會出現火一般的紅色，非常醒目。雌虎皮魚魚體比雄魚寬而大，尤其腹部膨大。

【飼養難度】容易。

【食性】肉食性，比較貪食。

【繁殖方法】卵生，要用長度超過 1 公尺的水族箱繁殖。在水族箱內先放置棕櫚皮或水草或尼龍絲，選擇親魚

一對，先放雌魚，第二天再放雄魚。待雌、雄魚互相靠近後，雄魚會誘導雌魚產出透明的黏性卵。產卵後，需將親魚立即隔離，受精卵在 36 小時左右孵化。

【繁殖能力】容易。一年可繁殖多次，雌魚每次產卵200〜500 粒。

【pH】6.4〜7.1。

【硬度】8〜10 。

【水溫】22〜26℃ 。

【放養形式】宜同類魚集群飼養，成魚會襲擊游動緩慢的熱帶魚，愛咬絲狀體鰭條，故不宜與絲狀體鰭條的神仙魚等混養。

【活動區域】中、下層水域。

【特殊要求】喜高溫高氧，適宜在水族箱中種水草，要備有加溫增氧設備。

同類品種還有金虎皮魚、綠虎皮魚、銀虎皮魚。

284. 三間小丑燈　*Barbus gelius*

【特徵】體型嬌小的燈魚，半透明的身上有淡色黑斑，腹部為銀白色，外緣有橘紅色光澤。

【身長】3〜5 公分。

【原產地】東南亞。

【雌雄區別】雌魚腹部隆起。

【飼養難度】容易。

【食性】雜食性，對餌料不挑食。

【繁殖方法】卵生，在水族箱內種植水草，選擇親魚一對，待雌、雄魚互相靠近後，雌魚產黏性卵。產卵後，

需將親魚立即隔離,受精卵在 36 小時左右孵化。

【繁殖能力】容易。雌魚每次產卵 300～600 粒。

【pH】5.5～6.5。

【硬度】5～7 。

【水溫】22～28℃。

【放養形式】性情較溫和,可與同類大小的觀賞魚混養。

【活動區域】上、中、下層水域。

【特殊要求】在水族箱中種水草。

285. 飛狐鯽魚　*Epalzeorhynchus kallopterus*

【特徵】體長,側扁。吻向前突出,前端圓,吻皮蓋於上頜之前,近邊緣有一新月形區域布滿細小乳突。背部橄綠,有金色的水平線條,腹部白色。

【身長】14～17 公分。

【原產地】印尼的蘇門答臘、婆羅洲。

【雌雄區別】雄魚在發情時體色變成深紅,雌魚腹部隆起。

【飼養難度】中等。

【食性】雜食性,喜食水族箱內的藻類與寄生蟲。

【繁殖方法】卵生,未見有在水族箱中繁殖的試驗。

【繁殖能力】困難。

【pH】5.5～7.2。

【硬度】9～12 。

【水溫】23～26℃。

【放養形式】可能會攻擊同種的其他個體,但不會攻

擊其他種的個體，可與其他類的觀賞魚混養。

　　【活動區域】上、中、下層水域。

　　【特殊要求】水族箱要放在有日光的地方。

286. 黑鯊　*Morulius chrysophekadion*

　　【特徵】體型似銀鯊。體漆黑，身體巨大。體色有時會變成暗灰色，體烏黑時表示最為健康，在水族箱內游泳的雄姿很像一條黑色鯊魚。

　　【身長】40～60公分。

　　【原產地】泰國，印尼。

　　【雌雄區別】雌、雄難辨。

　　【飼養難度】容易。

　　【食性】雜食性，愛吃水草。

　　【繁殖方法】卵生，很少有成功的例子。

　　【繁殖能力】：困難。

　　【pH】6.8～7.5。

　　【硬度】5～9。

　　【水溫】24～26℃。

　　【放養形式】性情較溫和，可與同類大小的觀賞魚混養。

　　【活動區域】上、中、下層水域。

　　【特殊要求】不能在水族箱內種植水草。

287. 淡水白鯊　*Pangasius sutchi*

　　【別名】八珍魚。

　　【特徵】體形長而側扁，背部明顯隆起，腹部圓，沒

有腹棱，這是圓腹鲮共同的特點。頭部扁平呈圓錐形，吻短，鰓膜與頰部不相連。上下頜有密生的彎狀小齒，呈板帶狀。背鰭位於背部最高處，有一粗壯硬棘。背鰭後上方靠近尾基處有一脂鰭；胸鰭外緣有一枚發達的硬棘，腹鰭小，臀鰭長，尾鰭分叉，體表光滑無鱗。體背灰黑色，體側青灰色，腹部銀白色。幼魚體側有 3～4 條縱向藍色條紋，成魚條紋消失。

【身長】20～28 公分。

【原產地】泰國、菲律賓、馬來西亞。

【雌雄區別】雌魚腹部比較膨大，用手輕壓腹部，鬆軟而富有彈性，卵巢輪廓明顯，腹中線下凹，卵巢下墜後有流動狀，雄性生殖孔鬆弛，輕壓腹部有乳白色精液流出，且精液入水後能立即散開。

【飼養難度】容易。

【食性】雜食性，偏愛肉食性。

【繁殖方法】卵生，每年 6～9 月為繁殖季節，每年產卵 1 次，1 尾雌魚的卵最好用 2 尾雄魚的精液使之受精。可人工催產，卵小，呈黏性，黃綠色，呈透明狀。

【繁殖能力】容易，雌魚一次產卵 5000～20000 粒。

【pH】6.4～7.3。

【硬度】5～9。

【水溫】25～29℃。

【放養形式】性情較溫和，可與同類大小的觀賞魚混養。

【活動區域】中、下層水域。

【特殊要求】不能在水族箱內種植水草。

288. 彩虹鯊　*Labeo erythrurus*

【別名】紅鰭鯊魚。

【特徵】吻皮肉質與上唇分離，不延伸到側面。口下位。有鬚。體青灰色，尾鰭有一黑斑，各鰭鮮紅色而稱紅鰭鯊。在光線照射下紅光閃閃，十分美麗。

【身長】10～12 公分。

【原產地】泰國。

【雌雄區別】雄魚的臀鰭鑲有黑邊，雌魚於繁殖季節腹部膨大且臀鰭無黑邊。

【飼養難度】飼養容易。

【食性】雜食性，愛吃動物性餌料。

【繁殖方法】卵生，沒有成功的經驗。

【繁殖能力】困難。

【pH】7.1～7.6。

【硬度】19～22 。

【水溫】24～28℃。

【放養形式】此魚具有強烈的領域意識，在同一水族箱飼養 2～3 尾將會引起爭端。但對其他種類的魚卻非常溫和，故可混養在一起。

【活動區域】上、中、下層水域。

【特殊要求】適宜在水族箱中種水草。

同類的品種還有帆鰭鯊魚。

289. 紅尾黑鯊　*Labeo bicolor*

【別名】紅尾魚、火尾魚。

【特徵】體高略側扁。唇部發達，吻皮和上唇彼此分

離。尾鰭深叉型，上葉延長成絲狀。全身黑色，唯尾鰭鮮紅色，紅黑相配，華美鮮麗。鬚2對。

【身長】10～12公分。

【原產地】泰國。

【雌雄區別】雄魚體稍大，仔細觀察才能看到其尾鰭比雌魚略紅；雌魚性成熟時腹部較膨脹。

【飼養難度】飼養容易。

【食性】雜食性，愛吃動物性餌料。

【繁殖方法】卵生，沒有成功的經驗。

【繁殖能力】困難。

【pH】7.2～7.8。

【硬度】17～22。

【水溫】24～28℃。

【放養形式】此魚具有強烈的領域意識，在同一水族箱飼養2～3尾將會引起爭端。但對其他種類的魚卻非常溫和，故可混養在一起。

【活動區域】中、下層水域。

【特殊要求】膽子較小，應在飼養缸裏多種植闊葉水草，以供它們棲息。

290. 棋盤鯽魚　*Puntius oligolepis*

【別名】捆邊魚，七星燈。

【特徵】小型，體延長，稍高而側扁。背鰭位於體中部，起點約與腹鰭相對，身披大鱗片，背部綠色，腹部銀白色，因其大鱗片排列如棋盤而得名。

【身長】4～5公分。

【原產地】蘇門答臘。

【雌雄區別】繁殖時雄魚會有紅霞般的婚姻色出現，且雄魚的背鰭和臀鰭鑲有黑邊。

【飼養難度】飼養容易。

【食性】雜食性，愛吃動物性餌料。

【繁殖方法】卵生，用小型水族箱產卵，雌雄魚產卵受精後，約經 2 天孵化。

【繁殖能力】容易。雌魚每次產 100～200 粒透明黏性卵。

【pH】6.4～7.1。

【硬度】：9～12 。

【水溫】23～28℃。

【放養形式】性情溫和、活潑，可與小型魚混合飼養，不宜與大、中型魚混養。

【活動區域】上、中、下層水域。

【特殊要求】適宜在水族箱中種水草。

291. 櫻桃鯽　*Capoeta titteye*

【別名】櫻桃燈魚、櫻桃魚、紅玫瑰魚。

【特徵】體小，紡錘形，側扁。口角具小鬚 1 對。鱗大。體呈橘紅色，從頭的前部至尾柄基部有一條兩邊呈鋸齒狀的黑色縱向斑紋，背部紫紅色，腹部為淡黃色，全身黑中透紅，猶如一朵紅玫瑰，故而得名。紅玫瑰魚在發情時出現的婚姻色更加鮮紅，如同櫻桃花一樣，故又稱為櫻桃魚。

【身長】5～6 公分。

【原產地】斯里蘭卡。

【雌雄區別】發情期的雄魚尾鰭微紅，身體顏色鮮豔；雌魚尾鰭淡黃，身體顏色略淡，體型較粗壯。

【飼養難度】飼養容易。

【食性】雜食性，喜食動物性餌料。

【繁殖方法】卵生，在水族箱內先放置棕櫚皮或水草，然後將經過認真挑選的親魚按雌雄 1：1 的比例放入水族箱內，雄魚立即追逐雌魚。經過追逐後，雌魚排卵，雄魚射精，使卵受精，受精卵比水重，沉入水底黏附在金絲草上。受精卵在 20～30 小時內孵化。

【繁殖能力】容易，每條雌魚可產卵 150～300 粒。

【pH】6.5～7.5。

【硬度】4～8。

【水溫】22～26℃。

【放養形式】性情較溫和，適合與其他小型魚同箱飼養。

【活動區域】上、中層水域。

【特殊要求】愛跳躍，水族箱應加網蓋，以防跳出水族箱。

292. 玫瑰鯽魚　*Puntius conchonius*

【別名】瑰刺魚、印度鯽魚、咖啡魚。

【特徵】體高而側扁，卵圓形，背鰭為鮮豔的黃綠色，在繁殖期，體色變為黃綠色，同時體側近背鰭的後端邊緣有金色及黑色斑紋。成熟後的雄魚，體色由紅色變為紫色，如同玫瑰色彩一般，漂亮迷人。

【身長】7～12 公分。

【原產地】印度。

【雌雄區別】雄魚體型細長，體色鮮豔，背鰭、腹鰭、尾鰭都寬大且長；雌魚體型略胖，顏色略顯淡雅。

【飼養難度】飼養容易。

【食性】雜食性，愛吃動物性餌料。

【繁殖方法】卵生，將成熟親魚放入植滿水草的水族箱內繁殖。雌魚有吃卵的習性，產卵後需立即隔離。受精卵在 24～36 小時孵化。

【繁殖能力】容易。雌魚可產卵 300～500 粒。

【pH】6.3～7.1。

【硬度】9～12 。

【水溫】22～27℃。

【放養形式】不宜與其他小魚混養。

【活動區域】中、下層水域。

【特殊要求】適宜在水族箱中種水草。

同類的品種還有大帆玫瑰鯽、金玫瑰鯽、火玫瑰鯽、彩虹鑽石鯽、鑽石彩虹鯽。

293. 金條魚　*Puntius sachsii*

【別名】五線魚、黃金條魚。

【特徵】體側扁，卵圓形。口小，無鬚。腹部圓，無棱。體金黃燦爛。

【身長】：5～6 公分。

【原產地】馬來半島和中國。

【雌雄區別】雄魚身體較瘦長，其腹部顏色較深；雌魚

體型較肥大、粗壯，其腹部顏色較淺。

【飼養難度】飼養容易。

【食性】雜食性，愛吃動物性餌料。

【繁殖方法】卵生，將成熟的親魚按雌雄 1：1 的比例放入植有水草的小水族箱內，產卵結束後，應將親魚立即撈出另養，產卵後 24 小時即孵化。

【繁殖能力】容易。雌魚可產卵 400 粒左右，多者可達 600 粒以上。

【pH】6.6～7.4。

【硬度】5～8。

【水溫】22～28℃。

【放養形式】從不攻擊其他品種的熱帶魚，是混養的好品種。

【活動區域】中、下層水域。

【特殊要求】適宜在水族箱中種水草。

294. 五線鯽魚　*Puntius lineatus*

【別名】五間魚。

【特徵】體黃色中帶銀褐色或暗金色，體側有 4～6 條濃青色或黑青色的花紋線，多為 5 條，故稱五線鯽或五間魚。背鰭和臀鰭赤黃色透明。

【身長】5～6 公分。

【原產地】馬來半島，婆羅洲。

【雌雄區別】雄魚背鰭、腹鰭、尾鰭都寬大且長；雌魚腹部膨大。

【飼養難度】飼養困難。

【食性】肉食性，需用輪蟲來餵飼。

【繁殖方法】卵生，將成熟親魚放入植滿水草的水族箱內繁殖。雌魚有吃卵的習性，產卵後需立即隔離。受精卵在 24～36 小時孵化。

【繁殖能力】困難。

【pH】6.3～7.1。

【硬度】9～12 。

【水溫】22～27℃。

【放養形式】性情活潑溫馴，能與同體型的其他小型魚混合飼養。

【活動區域】中、下層水域。

【特殊要求】適宜在水族箱中種水草。

295. 黑斑鯽魚　*Puntius filamentosus*

【別名】二點鯽。

【特徵】幼魚體側中央和尾鰭有黑色斑紋，成魚僅尾鰭前有黑點。尾鰭和背鰭有紅點。

【身長】14～17 公分。

【原產地】印度西南。

【雌雄區別】雄魚背鰭、腹鰭、尾鰭都寬大且長；雌魚腹部膨大。

【飼養難度】飼養容易。

【食性】雜食性，需用輪蟲來餵飼。

【繁殖方法】卵生，將成熟親魚放入植滿水草的水族箱內繁殖。雌魚有吃卵的習性，產卵後需立即隔離。受精卵在 30 小時孵化。

【繁殖能力】容易，此魚每次產卵 200 粒左右。

【pH】6.3～7.1。

【硬度】9～12 。

【水溫】22～27℃。

【放養形式】應避免與小型魚混合飼養。

【活動區域】上、中、下層水域。

【特殊要求】需用較大的水族箱。

296. 斑馬鯽魚　*Puntius fasciatus*

【別名】五條線魚。

【特徵】體淡黃綠色，有 5 條青黑色的橫條紋。發情時黃綠色體色顯現紅霞，閃爍金黃色光輝。

【身長】12～15 公分。

【原產地】蘇門答臘，婆羅洲。

【雌雄區別】發情期，黃綠的體色顯現出紅霞，閃爍金黃色的光輝，尤其是雄魚，更顯得美麗。

【飼養難度】飼養容易。

【食性】雜食性，需用輪蟲來餵飼。

【繁殖方法】卵生，將成熟親魚放入植滿水草的水族箱內繁殖。產卵後需立即隔離。受精卵在 30 小時孵化。

【繁殖能力】容易，此魚每次產卵 300 粒左右。

【pH】6.3～7.1。

【硬度】9～14 。

【水溫】22～28℃。

【放養形式】性頑皮，喜追逐小魚，故不能與小型魚混合飼養。

【活動區域】上、中、下層水域。

【特殊要求】需用密植水草的水族箱。

297. 雙點鯽魚　*Puntius ticto*

【別名】黑點鯽魚。

【特徵】體銀色，鰓蓋後與尾鰭部各有一個黑點，後面的黑點尤為美麗，會發出金色光芒。

【身長】4～7 公分。

【原產地】馬來西亞，蘇門答臘，印度。

【雌雄區別】發情期，雄魚體色更顯得美麗，背鰭變為紅色。

【飼養難度】飼養容易。

【食性】雜食性。

【繁殖方法】卵生，將成熟親魚放入植滿水草的水族箱內繁殖。產卵後需立即隔離。受精卵在 30 小時孵化。

【繁殖能力】容易，此魚每次產卵 300 粒左右。

【pH】6.3～7.1。

【硬度】9～14。

【水溫】24～26℃。

【放養形式】喜追逐小魚，故不能與小型魚混合飼養。

【活動區域】上、中、下層水域。

【特殊要求】需用密植水草的水族箱。

298. 金絲魚　*Tanichthys albonubes*

【別名】唐魚、白雲山金絲魚、白雲山魚、紅尾魚、紅鰭魚、彩金線魚。

【特徵】是中國魚類學家林書顏等於 1932 年首次在廣州白雲山溪流中發現的，定名為白雲山金絲魚，國外人稱它為唐魚。體呈長梭形。鰭較小，背鰭與臀鰭位於體後部，尾鰭分叉。背部為褐中帶藍，腹部銀白色，體兩側有一條沿側線的發光金線。金線的一端是黑眼珠，另一端有黑斑，背鰭與尾鰭為鮮紅色。

【身長】12～15 公分。

【原產地】中國大陸。

【雌雄區別】雄魚各鰭長而高，雌魚腹部隆起。在發情期各鰭呈鮮紅色。

【飼養難度】飼養容易。

【食性】雜食性，以動物性餌料為主要餌料。

【繁殖方法】卵生，將成熟的一對雌、雄魚放進種植水草的水族箱中，光線保持稍暗些，雌魚即可產卵。若水草較少時，待產卵後把親魚隔離開。也可採用在水族箱中放入數對雌、雄魚，所產的沉性卵經 2～3 天後便可孵化。

【繁殖能力】容易，每年可產卵數次，親魚每次可產卵 200 粒左右，多者可達 300 粒以上。

【pH】7.5～8.5。

【硬度】5～12。

【水溫】24～28℃。

【放養形式】溫和的個性，可以與其他小型魚相處融洽。

【活動區域】上、中層水域。

【特殊要求】水族箱內不宜種太多水草，以免妨礙游動。

同類品種還有大帆白雲山。

299. 斑馬魚　*Brachydanio rerio*

【別名】藍條魚、花條魚、星條魚。

【特徵】斑馬魚身體延長而略呈紡錘形，頭小而稍尖，吻較短，全身佈滿多條深藍色縱紋似斑馬，與銀白色或金黃色縱紋相間排列。在水族箱內成群游動時猶如奔馳於非洲草原上的斑馬群，故此得斑馬魚之美稱。

【身長】3～5公分。

【原產地】印度東部、泰國、緬甸。

【雌雄區別】雄性體型細長，顏色略深，條紋較為顯著，為深藍色條紋間檸檬色條紋；雌魚身體肥胖，顏色稍淡，為藍色條紋間銀灰色條紋，在性成熟後腹部肥大。

【飼養難度】飼養容易。

【食性】雜食性，喜食動物性餌料。

【繁殖方法】卵生，把成熟的雌魚2尾，雄魚1尾，放入水族箱內，雄魚便立即追逐雌魚。產於小石塊下，產卵後需立即將親魚隔離，水族箱充氧，經36～40小時可孵化。

【繁殖能力】容易，每條雌魚可產卵200～600粒。

【pH】6.5～6.8。

【硬度】9～14。

【水溫】22～26℃。

【放養形式】性情溫和，適合與其他熱帶魚品種混養。

【活動區域】上、中層水域。

【特殊要求】需用密植水草的水族箱。

同類品種還有黃日光斑馬、花點斑馬魚、大帆金斑馬。

300. 珍珠斑馬魚　*Brachydonio albolineatus*

【別名】珍珠魚、電光斑馬魚、魔光藍斑馬。

【特徵】身體上佈滿珍珠斑點，游動時魚體閃爍呈珍珠色，經光照反射發出青白色或淡紅色的光彩。

【身長】3～5 公分。

【原產地】亞洲的馬來西亞、印尼、泰國、印度、緬甸。

【雌雄區別】雄性顏色略深，條紋較為顯著；雌魚身體肥胖，顏色稍淡，在性成熟後腹部肥大。

【飼養難度】飼養容易。

【食性】雜食性，喜食動物性餌料。

【繁殖方法】卵生，把成熟的雌魚 2 尾，雄魚 1 尾，放入水族箱內，雄魚追逐雌魚，產於小石塊下，產卵後需立即將親魚隔離，水族箱充氧，經 36～40 小時可孵化。

【繁殖能力】容易，每條雌魚可產卵 200～600 粒。

【pH】5.6～7.5。

【硬度】9～12 。

【水溫】22～28℃ 。

【放養形式】性情溫和，適合與其他熱帶魚品種混養。

【活動區域】上、中層水域。

【特殊要求】需用密植水草的水族箱。

301. 豹紋斑馬魚　*Brachydonio frankei*

【別名】豹皮斑馬。

【特徵】豹紋斑馬色彩豔麗，金黃色的底色有連續的黑點，十分特別。

【身長】5～8 公分。

【原產地】東印度群島水域。

【雌雄區別】雄性顏色略深，條紋較為顯著；雌魚身體肥胖，顏色稍淡，在性成熟後腹部肥大。

【飼養難度】飼養容易。

【食性】雜食性，能接受任何食物。

【繁殖方法】卵生，把成熟的雌魚 2 尾，雄魚 1 尾，放入水族箱內，雄魚追逐雌魚，產於小石塊下，產卵後需立即將親魚隔離，水族箱充氧，經 36～40 小時可孵化。

【繁殖能力】容易，每條雌魚可產卵 200～600 粒。

【pH】5.6～7.5。

【硬度】9～12 。

【水溫】22～28℃。

【放養形式】性情溫和，適合與其他熱帶魚品種混養。

【活動區域】上層水域。

【特殊要求】需用密植水草的水族箱。

302. 閃電斑馬魚　*Brachydonio nigrofasciatus*

【別名】虹光魚。

【特徵】閃電斑馬魚體呈紡錘形，稍側扁，尾鰭呈叉形，閃電斑馬魚的體形與斑馬差不多，但顏色要比斑馬魚多彩、豔麗。整個魚體呈暗紅、暗綠、淡黃、銀白諸色。游動時，各種色彩交相輝映，十分惹人喜愛。

【身長】5～7 公分。

【原產地】亞洲的馬來西亞、印尼、泰國、緬甸。

【雌雄區別】雄魚顏色鮮豔，身體細長；雌魚顏色不如

雄魚鮮豔，身體較粗壯。

【飼養難度】飼養容易。

【食性】雜食性，喜食動物性餌料。

【繁殖方法】卵生，挑選好的親魚按雌雄 1：3 的比例放入水族箱內，雄魚追逐雌魚，產於小石塊下，產卵後需立即將親魚隔離，水族箱充氧，產卵結束後應將親魚立即撈出，以免其吞食魚卵。經 36～40 小時可孵化。

【繁殖能力】容易，每年可繁殖 5～6 次，每次可產卵 300 粒左右，多者可達 1000 粒以上。

【pH】6.6～7.2。

【硬度】9～12 。

【水溫】22～28℃。

【放養形式】性情溫和，適合與其他熱帶魚品種混養。

【活動區域】上、中層水域。

【特殊要求】需用密植水草的水族箱。

303. 藍帶斑馬 *Brachydonio erytbromicron*

【特徵】近年才發現的小型魚。一開始就廣受好評，尤其身上藍紫色的數條橫紋，與尾柄外深色的圓點搭配得宜，身體其餘部分散發金黃色的光芒。

【身長】2～4 公分。

【原產地】東南亞。

【雌雄區別】雄性顏色略深，條紋較為顯著；雌魚身體肥胖，顏色稍淡，在性成熟後腹部肥大。

【飼養難度】飼養容易。

【食性】雜食性，喜食動物性餌料。

【繁殖方法】卵生，將挑選好的親魚按雌雄 1：3 的比例放入水族箱內，雄魚追逐雌魚，產於小石塊下，水族箱充氧，產卵結束後應將親魚立即撈出，以免其吞食魚卵。經 36～40 小時可孵化。

【繁殖能力】容易，每條雌魚可產卵 100～150 粒。

【pH】6.5～7.5。

【硬度】10～20 。

【水溫】24～28℃。

【放養形式】性情溫和，適合與其他熱帶魚品種混養。

【活動區域】上、中層水域。

【特殊要求】需用密植水草的水族箱。

304. 藍三角魚　*Rasbora heteromorpha*

【別名】高體波魚、黑三角魚、異形波魚，三角魚、三角燈魚、異形鯽。

【特徵】體呈紡錘形，稍側扁，尾鰭叉形。魚基色為銀白色，背鰭、臀鰭和尾鰭均為紅色，背鰭下部至尾部有一塊藍光閃閃的三角形斑紋，因此名藍三角魚。

【身長】3～6 公分。

【原產地】馬來西亞，泰國，印尼。

【雌雄區別】雄魚體型較小而長，體色呈現較豔的玫瑰色，雌魚較大而腹部膨脹。

【飼養難度】飼養容易。

【食性】雜食性，喜食動物性餌料。

【繁殖方法】卵生，水族箱內可多種寬葉水草，尤以皇冠草水草最為適宜。雌、雄魚都把身體反倒，產卵於寬

葉內，經 28～32 小時孵化。

【繁殖能力】容易，每條雌魚可產卵 80 粒左右，多者可達 200 粒以上。

【pH】5.5～6.8。

【硬度】7～9。

【水溫】24～26℃。

【放養形式】性情溫和，可與其他小型魚同箱混養。

【活動區域】上、中層水域。

【特殊要求】應成群飼養。

同類品種還有金三角燈。

305. 金線鯽魚　*Rasbora einthoveni*

【別名】紅尾金線鯽，紅尾線鯽。

【特徵】體側中央有黑色和金色條紋各 1 條，尾鰭前半部紅色，故又稱紅尾線鯽。

【身長】6～8 公分。

【原產地】東南亞，印尼，馬來半島。

【雌雄區別】雄魚顏色鮮豔，雌魚體淡黃色，腹部膨大。

【飼養難度】飼養容易。

【食性】雜食性，對餌料不挑食。

【繁殖方法】卵生，水質呈微酸性，在水族箱內要多植水草，產卵時溫度加至 30℃，產無黏性卵，提防卵被吃掉。受精卵在 36 小時內孵化。

【繁殖能力】困難，每條雌魚可產卵 100～200 粒。

【pH】6.5～7.5。

【硬度】7～9。

【水溫】23～28℃。

【放養形式】性情溫和，可與其他小型魚同箱混養。

【活動區域】中、下層水域。

【特殊要求】需用密植水草的水族箱。

306. 新一點燈

Rasbora dorsiocellata macropbtbalma

【特徵】有著 3 公分的迷你體型，身體像漂過金粉狀似的，最大的特徵在於背鰭上的黑點，成群飼養壯觀無比，因此廣受燈魚迷的喜愛。

【身長】3～5 公分。

【原產地】馬來半島。

【雌雄區別】雌魚的腹部較大，尾鰭為黃色；雄魚身體細長，尾鰭較紅。

【飼養難度】飼養容易。

【食性】雜食性，可投餵人工餌料。

【繁殖方法】卵生，水質呈微酸性，在水族箱內要多植水草，產卵時溫度加至 30℃，產無黏性卵，提防卵被吃掉。受精卵在 36 小時內孵化。

【繁殖能力】容易，每條雌魚可產卵 100～200 粒。

【pH】5.5～7.5。

【硬度】9～12。

【水溫】26～28℃。

【放養形式】性情溫和，能與同體型溫和魚混合飼養。

【活動區域】中、下層水域。

【特殊要求】宜飼養於水草較多的水族箱中。

307. 大點鯽魚　*Rasbora maculata*

【別名】小金線波魚。

【特徵】橙紅色的身體上有一個大黑點，故稱大點鯽魚。

【身長】2～3 公分。

【原產地】印度，馬來西亞，新加坡。

【雌雄區別】雌魚的腹部較大，尾鰭為黃色；雄魚身體細長，尾鰭較紅。

【飼養難度】飼養容易。

【食性】雜食性，可飼餵小顆粒的乾餌，偶爾加些水蚤餵飼。

【繁殖方法】卵生，產卵於水草叢中，但親魚有吃卵的惡癖，產卵後需移往他處。卵經 24～36 小時孵化出仔魚。

【繁殖能力】容易，每條雌魚可產卵 150～200 粒。

【pH】5.5～6.8。

【硬度】7～9。

【水溫】18～26℃。

【放養形式】性情溫和，能與其他溫和的小魚混合飼養。

【活動區域】中、下層水域。

【特殊要求】宜飼養於水草較多的水族箱中，並需有陽光照射。

308. 剪刀魚　*Rasbora trilineata*

【別名】紅咬剪刀魚，咬剪魚。

【特徵】體延長，側扁，腹部圓，無棱。下頜稍突出，其前端有一瘤狀突起，與上頜凹處相吻合。體銀白色，尾鰭上、下葉具黑白相間的斑紋。游動時上、下尾鰭時開時合，猶如剪刀，因而得名。

【身長】10～15 公分。

【原產地】馬來西亞，泰國。

【雌雄區別】雌魚的腹部較大，尾鰭為黃色；雄魚身體細長，尾鰭較紅。

【飼養難度】飼養容易。

【食性】雜食性，可投餵人工餌料。

【繁殖方法】卵生，在水族箱內要多植水草，產卵時溫度加至 30℃，提防卵被吃掉，產卵後立即將親魚隔離。受精卵在 36 小時內孵化。

【繁殖能力】容易，每條雌魚可產卵 200 粒左右。

【pH】6.5～7.5。

【硬度】7～9。

【水溫】20～25℃。

【放養形式】性溫和，避免與大魚及兇猛的魚同養。

【活動區域】中、下層水域。

【特殊要求】宜飼養於水草較多的水族箱中。

同類品種還有黃尾鯽、兩點紫鯽、兩點紅鯽。

309. 胭脂魚　*Myxocyprinus asiaticus*

【別名】一帆風順。

【特徵】體型及身上的顏色，從幼魚開始一直在不斷地改變，幼魚體呈灰褐色，頭小而尖，背部高高隆起，腹部則扁平。脊鰭高而寬展，像船帆一樣高高扯起，所以有「一帆風順」的吉祥名字。

同時身上還擁有三條黑色的寬大條紋，使此魚的觀賞性很高，目前水族店出售的可供觀賞的胭脂魚都是幼魚。長大後，背部不再隆起，背鰭也變短且長，三條豎黑條紋卻變為橫條紋而貫穿頭尾，脊鰭及尾變為紅色。

【身長】15～30 公分。

【原產地】中國長江流域，是中國二級保護動物。

【雌雄區別】雄魚身體帶紅色，雌魚則呈青紫色。

【飼養難度】飼養容易。

【食性】肉食性，也有食殘餌及排泄物的習慣。

【繁殖方法】卵生，水質呈微酸性，在水族箱內要多植水草，產卵時溫度加至 30℃，產無黏性卵，提防卵被吃掉。受精卵在 36 小時內孵化。

【繁殖能力】極難，需在激流中交配。

【pH】6.5～8.0。

【硬度】7～14。

【水溫】15～26℃。

【放養形式】能與其他的魚混養。

【活動區域】中、下層水域。

【特殊要求】宜飼養於水草較多的水族箱中。

雙孔魚科 Gyrinocheilidae（algae eaters）

310. 食藻魚　*Gyrinocheilus aymonieri*

【別名】青苔魚，青苔鼠，琵琶魚。

【特徵】體呈紡錘形，咽齒和咽磨消失。無鬚。唇將口包圍成漏斗狀吸盤，能吸取泥中的藻類，也可在急流中附著於石頭等物體上，不被沖走。背部褐色，腹部白色。身上有不太明顯的深色間條。頭側具 2 對鰓孔。

【身長】8～18 公分。

【原產地】東南亞各地。

【雌雄區別】雌魚的腹部較大，尾鰭為黃色；雄魚身體細長，尾鰭較紅。

【飼養難度】飼養容易。

【食性】雜食性，喜食附著於水族箱內的苔類、藻類等，又稱為「清道夫」。

【繁殖方法】卵生，繁殖時，將長 15 公分以上的食藻魚放入小魚塘中或大水族箱中，此魚將卵產於石頭等附著物上。要投餵藻類，親魚要餵一些開水燙過的菠菜或者萵苣葉等。雌雄魚產卵受精後，需 30 小時左右孵化。

【繁殖能力】困難，每條雌魚可產卵 1000 粒左右。

【pH】6.5～7.5。

【硬度】7～9。

【水溫】23～28℃。

【放養形式】性情溫和，能與同體型溫和魚混合飼養。

【活動區域】下層水域。

【特殊要求】保持一定的光線。

鰍科 Cobitidae

311. 蛇仔魚　*Acanthophthalmus kuhlii*

【別名】刺眼鰍。

【特徵】體形似泥鰍，眼小，有透明膜，口小。吻與上頜有鬚3對，咽齒1行。體黃色、橙色、茶色，有黑色花紋間條。胸鰭、背鰭細少，位於身體後部，臀鰭與尾鰭相連。

【身長】7～8公分。

【原產地】馬來西亞，泰國，婆羅洲，蘇門答臘。

【雌雄區別】雄魚的體型細窄，雌魚的體型大，腹部稍大。

【飼養難度】中等。

【食性】雜食性，可清除剩餘食物。

【繁殖方法】卵生，經驗很少。

【繁殖能力】困難，很少有在水族箱中繁殖的報導。

【pH】6.5～7.5。

【硬度】7～9。

【水溫】24～27℃。

【放養形式】性情溫和，能與同體型溫和魚混合飼養。

【活動區域】喜歡在暗處活動，常穿插在水草、岩石縫壁間。

【特殊要求】餌料最好在深夜投餵。

同類品種還有泥鰍、歐洲泥鰍。

312. 皇冠泥鰍　*Botia macracantha*

【別名】三角鼠魚、沙鰍。

【特徵】體長側扁。頭短鈍。口小，端位。下頜稍突出，前端有一瘤狀突起。下嚥齒 3 行，鱗片大。尾鰭分叉深。體銀白色，在光線照射下眼睛下部閃爍青綠色的光。背鰭為白底且有一大型黑色斑點。

【身長】一般 8～10 公分，大者可達 30 公分左右。

【原產地】東南亞的蘇門答臘，婆羅洲等地。

【雌雄區別】雌魚性成熟時腹部較膨脹。

【飼養難度】飼養容易。

【食性】雜食性，可投餵人工餌料。

【繁殖方法】卵生，經驗很少。

【繁殖能力】困難。

【pH】6.5～7.5。

【硬度】7～9。

【水溫】25～28℃。

【放養形式】避免與兇猛的魚共養。

【活動區域】愛躲藏於底層的水草叢中或磚瓦中。

【特殊要求】宜飼養於水草較多的水族箱中。

313. 藍鼠魚　*Botia morletii*

【特徵】基本體色為黃灰色，身上有黑帶，尾柄上有一黑棕色帶紋，英文譯名為「臭鼬鼠」。口唇向下，唇邊有 3 對口鬚，用於攝食水底的餌料。其非常膽怯，常隱藏在水草叢中。

【身長】6～10 公分。

【原產地】馬來半島，泰國等地。

【雌雄區別】雌魚性成熟時腹部較膨脹。

【飼養難度】飼養容易。

【食性】雜食性，愛採食水底的飼料。

【繁殖方法】卵生，經驗很少。

【繁殖能力】困難。

【pH】6.5～7.5。

【硬度】7～9。

【水溫】23～26℃。

【放養形式】避免與兇猛的魚共養。

【活動區域】愛躲藏於底層的水草叢中或磚瓦中

【特殊要求】宜飼養於隱蔽物較多的水族箱中。

314. 黃間花鯊　*Botia lecontei*

【別名】沙鰍。

【特徵】體灰綠色，各鰭紅色，十分美麗。鰭部紅色是健康的指示，褪色可能是病態的標誌。此魚有掏砂覓食的習慣，一受驚就潛入砂中。

【身長】8～10公分。

【原產地】泰國。

【雌雄區別】很難區別。

【飼養難度】飼養容易。

【食性】雜食性，愛採食水底的飼料。

【繁殖方法】卵生，經驗很少。

【繁殖能力】困難。

【pH】6.5～7.5。

【硬度】7～9。

【水溫】24～28℃。

【放養形式】避免與兇猛的魚共養。

【活動區域】愛躲藏於底層的水草叢中或磚瓦中。

【特殊要求】宜飼養於隱蔽物較多的水族箱中。

315. 棘鰍　*Macrognathus siamensis*

【特徵】體長形，似鰻魚。眼前下方有小棘，背鰭前部也有許多分離的小棘。咖啡色的身體上有 3～10 個不規則的圓形黑斑，口小吻長，且可自由扭轉，用此口吻挖砂覓食。

【身長】30～35 公分。

【原產地】印度以及東南亞地區。

【雌雄區別】很難區別。

【飼養難度】飼養容易。

【食性】雜食性，愛採食水底的飼料。

【繁殖方法】卵生，經驗很少。

【繁殖能力】困難。

【pH】6.0～6.8。

【硬度】7～9。

【水溫】24～28℃。

【放養形式】性溫和，有追逐小魚的習慣，不要與小型魚混養。

【活動區域】愛躲藏於底層的水草叢中或磚瓦中。

【特殊要求】種水草需加石塊壓住，水族箱要密蓋，防止此魚爬出。

316. 玻璃魚　*Chanda ranga*

【別名】月光光、玻璃拉拉、印度玻璃魚

【特徵】通體透明，可清晰地看到骨骼、內臟和鰾，又稱為「X 光魚」。泰國人用一種筆將此魚染上紅、綠、藍、黃等各種顏色，更增加了魚的觀賞性。

【身長】3～5 公分。

【原產地】印度北部、緬甸、泰國。

【雌雄區別】雌魚身體的顏色比雄魚身體的顏色暗淡，透過它們透明的身體看，雌魚的鰾為元寶形，雄魚的鰾為長圓形。

【飼養難度】中等。

【食性】雜食性，吃動物性餌料。

【繁殖方法】卵生，繁殖前應先在缸裏放 2～3 株菊花草，作為魚卵的附著物，並將缸置於強光照射下。然後將挑選的親魚按雌雄 1：1 的比例放進繁殖缸裏，雌魚排卵，雄魚緊隨其後使卵受精，受精卵經過 24 小時可孵化出仔魚。

【繁殖能力】很容易。每對親魚每次可產卵 150 枚左右。

【pH】7～8。

【硬度】7～10。

【水溫】23～27℃。

【放養形式】宜與小型的、性情溫和的熱帶魚混養。

【活動區域】愛躲藏於底層的水草叢中或磚瓦中。

【特殊要求】喜歡強光，每天應接受 10 小時以上的光照。

鮭形目 Salmoniformes

狗魚科 Esocidae

317. 鑽石火箭　*Esox lucius*

【別名】白斑狗魚。

【特徵】體呈黃褐色並帶有黃綠色的斑紋，各鰭有深色斑點，嘴較鱷魚火箭短而扁。

【身長】雄魚可達 70 公分，而雌魚只有 40 公分。

【原產地】歐洲，北美及亞洲。

【雌雄區別】性成熟的雌魚腹部較膨脹。

【飼養難度】中等。

【食性】雜食性，吃動物性餌料。

【繁殖方法】卵生，目前尚無成功經驗。

【繁殖能力】困難。

【pH】7～8。

【硬度】7～10。

【水溫】24～30℃。

【放養形式】喜食活魚，不可與較小的魚類混養。

【活動區域】下層水域。

【特殊要求】最適合栽植有水草的水族箱。

鱝形目 Myliobatiformes

河虹科(江虹科)
Potamotrygonidae (river sting rays)

318. 珍珠虹　*Potamotrygon motoro*

【別名】亞馬遜河虹魚。

【特徵】珍珠虹魚具有美麗的斑紋,背部色彩由褐色至淡褐色,有奶油狀的圓形斑點散佈,猶如珍珠般。腹部純白,尾部突出呈尖刺型,尾柄有刺,帶有劇毒,終年置身水底,偶爾也鑽入泥中。

【身長】30～60 公分。

【原產地】南美洲全域。

【雌雄區別】性成熟的雌魚腹部較膨脹。

【飼養難度】中等。

【食性】雜食性,吃動物性餌料。

【繁殖方法】胎生,胎內孵化出的仔魚和親魚同游,其情景令人快樂開懷。

【繁殖能力】困難。

【pH】6～7。

【硬度】7～10。

【水溫】22～26℃。

【放養形式】喜食活魚,不可與較小的魚類混養。

【活動區域】下層水域。

【特殊要求】應盡可能使用舊水,不可全部換新水。

319. 淡水魟　*Potamotrygon laticeps*

【特徵】體背部的斑點小於珍珠魟，尾較長。魚體可配合周圍的顏色而掩飾自己，尤其是緊貼水底而游動的姿態，更具有魅力。

【身長】60～70 公分。

【原產地】亞馬遜河。

【雌雄區別】性成熟的雌魚腹部較膨脹。

【飼養難度】中等。

【食性】雜食性，吃活的物性餌料。

【繁殖方法】胎生，胎內孵化出的仔魚和親魚同游。

【繁殖能力】困難。

【pH】6.3～7.1。

【硬度】7～12。

【水溫】24～28℃。

【放養形式】喜食活魚，不可與較小的魚類混養。

【活動區域】下層水域。

【特殊要求】應盡可能使用舊水，不可全部換新水。

單鰾肺魚目（澳洲肺魚目，角齒魚目）
Ceratodiformes

澳洲肺魚科（角齒魚科）Ceratodontidae

320. 澳洲肺魚　*Neoceratodus forsteri*

它是現存最原始的肺魚。它與南美洲和非洲肺魚不同，其主要特徵是，無夏眠。

【別名】新角齒魚。

【特徵】鱗片大型，偶鰭葉狀，基部有鱗，行動遲緩，不能離水生活，乾旱季節也需在靜水潭中度過。

【身長】100～150公分。

【原產地】澳洲。

【雌雄區別】性成熟的雌魚腹部較膨脹。

【飼養難度】中等。

【食性】肉食性，吃物性餌料。

【繁殖方法】胎生。

【繁殖能力】困難。

【pH】6.3～7.1。

【硬度】7～12。

【水溫】24～27℃。

【放養形式】不可混養。

【活動區域】下層水域。

【特殊要求】應盡可能使用舊水。

雙鰾肺魚目（南美肺魚目）
Lepidosireniformes

非洲肺魚科 Protopteridae

321. 非洲肺魚　*Protopterus annectens*

【別名】原鰭魚。

【特徵】非洲肺魚胸鰭和腹鰭都很長，像手腳一般，是其特徵之一。在乾旱季節，它們可以在泥底用黏液將泥

土黏成一土房，穴居其中，進行夏眠。房頂留有小孔，可以和陸上的動物一樣，用肺呼吸空氣，所以稱之為「肺魚」。在平時有水的環境下，則用鰓呼吸。

【身長】80～200 公分。

【原產地】非洲大陸中部的河川。

【雌雄區別】性成熟的雌魚腹部較膨脹。

【飼養難度】中等。

【食性】肉食性，喜吃小魚。

【繁殖方法】胎生。

【繁殖能力】困難。

【pH】6.3～8.1。

【硬度】5～13。

【水溫】20～25℃。

【放養形式】性兇猛，同種間常爭鬥，要單獨飼養，可與其他大型魚混養。

【活動區域】下層水域。

【特殊要求】應盡可能使用舊水。

多鰭魚目 Polypteriformes

多鰭魚科 Polypteridae

322. 金恐龍 *Polyterus senegalus*

【別名】尼羅多鰭魚。

【特徵】金恐龍外形很像鱔魚，但因身披著菱形的硬鱗甲，背上有許多獨立的魚鰭。背鰭分為許多棘條。在幼

魚期有一對外露的輔助魚鰓進行工作，直到長成成魚，輔助鰓才消失。它的魚鰾的作用為輔助氣囊，此魚經常要竄上水面吸一口氣。由於這種氣囊的作用，使此魚離開水幾小時也能存活。

【身長】40～150公分。

【原產地】非洲。

【雌雄區別】不詳。

【飼養難度】中等。

【食性】肉食性，喜吃小魚。

【繁殖方法】胎生，尚未在水族箱中繁殖。

【繁殖能力】困難。

【pH】6.3～8.1。

【硬度】5～13。

【水溫】20～28℃。

【放養形式】不可與他魚混養。

【活動區域】下層水域。夜行性魚類，除吃食或吸氣外，平時喜靜不動。

【特殊要求】水底有砂石。

同類的品種還有「大花恐龍」「恐龍王」。

323. 象鼻　*Gnathonemus petersil*

【特徵】全身為黑色，在尾端部分帶有2條白色的花紋，嘴部的下頜有如象鼻般長條的形狀。

【身長】19～25公分。

【原產地】非洲西部的剛果、薩伊、喀麥隆。

【雌雄區別】雌魚在性成熟時腹部比雄魚膨脹。

【飼養難度】中等。

【食性】雜食性，可餵絲蚯蚓、紅蟲或人工餌料。

【繁殖方法】胎生，尚未在水族箱中繁殖。

【繁殖能力】困難。

【pH】6.3～8.1。

【硬度】5～13。

【水溫】25～28℃。

【放養形式】不可與他魚混養。

【活動區域】下層水域，夜行性魚類。

【特殊要求】水族箱要大，並應該用石頭、流木等作為隱蔽場所。另外它喜歡跳躍，魚缸應該加蓋。

同類品種還有雙管象鼻。

324. 蘆葦魚　*Polypterus ornatipinnis*

【特徵】背鰭分有許多棘條。一般用鰓呼吸，但也可像肺魚一樣用肺呼吸。

【身長】40～100 公分。

【原產地】剛果河，尼羅河。

【雌雄區別】不詳。

【飼養難度】中等。

【食性】肉食性，喜吃小魚。

【繁殖方法】胎生，尚未在水族箱中繁殖。

【繁殖能力】困難。

【pH】6.3～8.1。

【硬度】5～13。

【水溫】24～26℃。

【放養形式】可與小型魚以外的魚類一起混養。

【活動區域】下層水域，夜行性魚類。

【特殊要求】要有隱蔽處。

鱘形目 Acipenseriformes

鱘科 Acipenseridae（Sturgeon）

325. 歐洲鱘　*Acipenser ruthenus*

【別名】德國鱘。

【特徵】歐洲鱘鼻部尖而突出，下方長有觸鬚，身體的背部及兩側有數排大骨質的鱗片環繞。喜歡在弱酸性的新水中，是一種低水溫的魚類，其外形似鯊魚。

【身長】最大約100公分。

【原產地】歐洲至西伯利亞。

【雌雄區別】不詳。

【飼養難度】中等。

【食性】肉食性，可餵食絲蚯蚓或紅蟲，長大時可餵小魚。

【繁殖方法】卵生，將成熟的親魚分別注射促性腺激素，注射後產卵、受精、孵化。

產卵量大，孵出幼魚後注意水質良好，備有開口餌料，可提高幼魚成活率。

【繁殖能力】容易，雌魚每次可產卵近萬粒。

【pH】6.3～8.1。

【硬度】5～13。

【水溫】15～22℃。

【放養形式】可與他魚混養。

【活動區域】中、下層水域。

【特殊要求】夏天溫度高需注意降溫。

326. 綠鱘 *Acipenser medirostris*

【別名】德國鱘。

【特徵】綠鱘身體略呈青色，故稱「綠鱘」。

【身長】20～40公分。

【原產地】美國西部。

【雌雄區別】不詳。

【飼養難度】中等。

【食性】肉食性，可飼餵蚯蚓、紅蟲及冷凍餌料等。

【繁殖方法】卵生，將成熟的親魚分別注射促性腺激素，注射後產卵、受精、孵化。

產卵量大，孵出幼魚後注意水質良好，備有開口餌料，可提高幼魚成活率。

【繁殖能力】容易，雌魚每次可產卵近萬粒。

【pH】6.3～8.1。

【硬度】5～13。

【水溫】15～20℃。

【放養形式】可與他魚混養。

【活動區域】中、下層水域。

【特殊要求】夏天溫度高需注意降溫。

白鱘科 Polyodntidae

327. 匙吻鱘 *Polyodon spathula*

【別名】太空鱘。

【特徵】匙吻鱘吻端呈平盤狀伸長，吻的前端呈船槳狀，體表細長且鰓耙較長。此魚在江河中以浮游生物為食，喜歡中性至鹼性的水。

【身長】最大約 100 公分。

【原產地】美國。

【雌雄區別】不詳。

【飼養難度】中等。

【食性】雜食性，在水族箱中餵藻和豐年蝦等。

【繁殖方法】卵生，將成熟的親魚分別注射促性腺激素，注射後產卵、受精、孵化。產卵量大，孵出幼魚後注意水質良好，備有開口餌料，可提高幼魚成活率。

【繁殖能力】容易，雌魚每次可產卵近萬粒。

【pH】6.3～8.1。

【硬度】5～13。

【水溫】15～22℃。

【放養形式】可與他魚混養。

【活動區域】中、下層水域。

【特殊要求】夏天溫度高需注意降溫。

328. 鴨嘴鱘 *Scaphirhynchus platorhynchus*

【特徵】鴨嘴鱘的尾部特別細，尾鰭之上時呈長纖維狀延伸，其吻長而寬，故有人稱為鴨嘴鱘。

【身長】最大約 90 公分。

【原產地】美國密西西比河溫帶區域。

【雌雄區別】不詳。

【飼養難度】中等。

【食性】肉食性，可餵食絲蚯蚓或紅蟲及冷凍生餌。

【繁殖方法】卵生，將成熟的親魚分別注射促性腺激素，注射後產卵、受精、孵化。產卵量大，孵出幼魚後注意水質良好，備有開口餌料，可提高幼魚成活率。

【繁殖能力】容易，雌魚每次可產卵近萬粒。

【pH】6.3～8.1。

【硬度】5～13。

【水溫】18～28℃。

【放養形式】可與他魚混養。

【活動區域】中、下層水域。

【特殊要求】夏天溫度高需注意降溫。

雀鱔目 Lepisosteiformes

雀鱔科 Lepisosteidae

329. 短嘴鱷魚火箭　*Lepisosteus oculatus*

【別名】雀鱔。

【特徵】體色呈青褐或灰色，全身有著黑色斑點，嘴部突出且略為扁平。

【身長】最大約 70 公分。

【原產地】北美五大湖至墨西哥。

【雌雄區別】不詳。

【飼養難度】容易飼養。

【食性】肉食性，可餵小魚和活蝦。

【繁殖方法】卵生，沒有在水族箱中繁殖成功的經驗。

【繁殖能力】困難。

【pH】6.5～7.6。

【硬度】9～12。

【水溫】24～30℃。

【放養形式】可與其他大型魚類混養，不能與小型魚混養。

【活動區域】下層水域。

【特殊要求】飼養時需用超大型水族箱養較好。

330. 長嘴鱷魚火箭　*Lepisosteus plathrhincus*

【別名】長吻鱷魚火箭。

【特徵】嘴和魚身均較短嘴鱷魚火箭細長，身體兩側各有1條黑色的條紋，各鰭均帶有黑色的斑點。

【身長】最大約150公分。

【原產地】美國佛羅里達州至墨西哥。

【雌雄區別】不詳。

【飼養難度】容易飼養。

【食性】肉食性，可餵食絲蚯蚓或紅蟲，長大時可餵小魚。

【繁殖方法】卵生，沒有在水族箱中繁殖成功的經驗。

【繁殖能力】困難。

【pH】6.5～7.6。

【硬度】9～12。

【水溫】24～30℃。

【放養形式】不能與小型魚混養。

【活動區域】下層水域。

【特殊要求】飼養時需用超大型水箱養較好。

弓鰭魚目 Amiiformes（bowfin）

弓鰭魚科 Amiidae

331. 弓鰭魚　*Amia calva*

【別名】美國海軍魚、皇冠海象魚。

【特徵】腹鰭腹位，尾鰭為微歪型尾，硬鱗，無噴水孔，具間鰓蓋骨和鰓條骨，平時以背鰭擺動前進。

【身長】70～90 公分。

【原產地】加拿大，德克薩斯，墨西哥，達科塔，佛羅里達。

【雌雄區別】雄魚尾柄上黑點鑲黃邊，較雌魚鮮明。

【飼養難度】容易飼養。

【食性】肉食性，食量很大。

【繁殖方法】卵生，雄魚在水底挖掘直徑 40～60 公分的圓形淺穴，以水草做巢，再引誘雌魚前來產卵，經 8～10 天孵化。

【繁殖能力】一般，每次產卵可達數萬個。

【pH】6.5～7.6。

【硬度】9～12。

【水溫】20～22℃。

【放養形式】性兇猛，不能與小型魚混養。

【活動區域】下層水域。

【特殊要求】飼養時需用超大型水箱養較好。

骨舌魚目 Osteoglossiformes

> 骨舌魚科 Osteoglossidae
> （osteoglossids 或 bonytongues）

332. 銀龍　*Osteoglossum bicirrhosum*

【別名】雙鬚骨舌魚、龍吐珠、銀帶、銀船大刀。

【特徵】體呈長寬帶形，側扁，體色呈金屬的銀白色，其中含有鈷藍色、藍色、青色等顏色混合，在光線照射下能反映出淡粉紅或青銀色等色彩和紋路，閃閃發亮。背鰭及臀鰭呈帶狀並向尾鰭延伸至尾柄基部，尾柄短小，尾鰭較小呈圓扇形。胸鰭大。口上位，長有1對短而粗的龍鬚。寬大的魚體兩側各整齊地排列著5排大圓鱗片，巨大、呈粉紅的半圓形，它那圓圓大大的鱗片在所有的養殖觀賞熱帶魚中絕無僅有，而鱗片到了尾部時則相對較小，成為細小的鱗片。

【身長】60～90公分。

【原產地】南美洲的亞馬遜河流域、圭亞那。

【雌雄區別】雄魚腹鰭尖長；雌魚性成熟時腹部較膨脹。

【飼養難度】容易飼養。

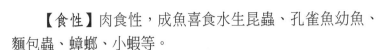

【食性】肉食性，成魚喜食水生昆蟲、孔雀魚幼魚、麵包蟲、蟑螂、小蝦等。

【繁殖方法】卵生，口孵型孵幼。需水體較大。可以自行配對，產卵後口孵魚卵直到小魚出膜。到繁殖季節，如人為強行配對，龍魚之間會相互爭鬥，相互殘殺。龍魚自行配對後，要單獨飼養，產卵結束後，雄魚會將受精卵全部含在口中進行孵化。這時應將雌魚撈出另養。受精卵在雄魚口中經過一個月左右才能孵化出帶卵黃囊的仔魚。

【繁殖能力】一般，每對親魚每次產卵 200 粒左右，多者可達 300 粒以上。

【pH】6.5～7.5。

【硬度】3～12 。

【水溫】24～30℃。

【放養形式】有攻擊其他小魚習性，小型熱帶魚不宜與其混養。

【活動區域】上、中、下層水域。

【特殊要求】魚缸尺寸長度應在 140 公分以上。缸中不宜種植水草，不要鋪底沙，水族箱須加蓋。

333. 黑龍　*Osteoglossum ferrirai*

【別名】黑帶。

【特徵】黑龍外形與銀龍相似，幼魚時期體色呈黑色，有一條黃色線條從中穿過，背部及腹部均為黑褐色，隨著體型的成長，魚體的黑色會漸漸消失而成為銀白略帶淺青紫色，各鰭均呈藍黑色，鱗片呈銀色。

【身長】50～60 公分。

【原產地】南美洲的亞馬遜河流域、圭亞那。

【雌雄區別】雄魚腹鰭尖長；雌魚性成熟時腹部較膨脹。

【飼養難度】容易。

【食性】肉食性，成魚喜食水生昆蟲、孔雀魚幼魚、麵包蟲、蟑螂、小蝦等。

【繁殖方法】卵生，口孵型孵幼。需水體較大。可以自行配對，產卵後口孵魚卵直到小魚出膜。到繁殖季節，如人為強行配對，龍魚之間會相互爭鬥，相互殘殺。龍魚自行配對後，要單獨飼養，產卵結束後，雄魚會將受精卵全部含在口中進行孵化。這時應將雌魚撈出另養。受精卵在雄魚口中經過一個月左右才能孵化出帶卵黃囊的仔魚。

【繁殖能力】一般，每對親魚每次產卵 200 粒左右，多者可達 300 粒以上。

【pH】6.5～7.5。

【硬度】3～12 。

【水溫】22～28℃。

【放養形式】有攻擊其他小魚習性，小型熱帶魚不宜與其混養。

【活動區域】上、中、下層水域。

【特殊要求】容易受驚嚇，水族箱須加蓋。

334. 紅尾金龍 *Scleropages Formosus*

【特徵】身體的上半部，包括第五和第六排整整兩列的鱗片都是很獨特的黑或深褐色。因此，它鱗片上的金色色彩最多也只能達到第四排，這一點有別於過背金龍。它

和過背金龍還有另一個差別，就是尾鰭上端 1/3 的部分和背鰭都是深綠色的，至於尾鰭下端 2/3 的部分，則與臀鰭、腹鰭和胸鰭一樣都是橙紅色的。

【身長】60～90 公分。

【原產地】東南亞的印尼、馬來西亞一帶。

【雌雄區別】雄魚腹鰭尖長；雌魚性成熟時腹部較膨脹。

【飼養難度】容易飼養。

【食性】肉食性，以活魚、活蝦和水蚯蚓等動物性活餌料為主。

【繁殖方法】口孵魚，需大水體。雄魚把魚卵含在口中，直到孵化完成。當幼魚孵化出後會聚集在雄魚附近，夜晚雄魚張口，把全部幼魚含在口中，通常這種口孵和保護幼魚的工作由雄魚完成。

【繁殖能力】困難，每對親魚每次產卵 40～300 粒。

【pH】6.5～7.5。

【硬度】3～12 。

【水溫】24～28℃。

【放養形式】有攻擊其他小魚習性，小型熱帶魚不宜與其混養。

【活動區域】上、中、下層水域。

【特殊要求】魚缸尺寸長度應在 140 公分以上。缸中不宜種植水草，不要鋪底沙，水族箱須加蓋。

335. 過背金龍 *Scleropages Formosus*

【別名】馬來亞骨舌魚、馬來西亞金龍、布奇美拉金、

太平金、柔佛金。

【特徵】過背金龍的魅力和美麗之處在於其鱗片的亮度,成熟的過背金龍全身都長了金色略帶綠色的鱗片,鱗框則略帶粉紅色與金黃色,並且包括整個魚背,體側的亮鱗可達到第四排,甚至達到第五排。過背金龍的顏色也會隨著魚齡的增加而加深,金色鱗片越過背部,就好比從魚身的一邊跨越到另一邊去似的,顯得極為漂亮。帶藍色光澤的過背金龍最昂貴,大鱗片的品種沒有小鱗片的漂亮。

【身長】30~50公分。

【原產地】馬來西亞、蘇門答臘。

【雌雄區別】雄魚腹鰭尖長;雌魚性成熟時腹部較膨脹。

【飼養難度】容易飼養。

【食性】肉食性,以活魚、活蝦和水蚯蚓等動物性活餌料為主。

【繁殖方法】口孵魚,需較大水體。雄魚把魚卵含在口中,直到孵化完成。當幼魚孵化出後會聚集在雄魚附近,夜晚雄魚張口,把全部幼魚含在口中,通常這種口孵和保護幼魚的工作。

【繁殖能力】困難,每對親魚每次產卵40~300粒。

【pH】6.5~7.5。

【硬度】3~12。

【水溫】24~28℃。

【放養形式】有攻擊其他小魚習性,小型熱帶魚不宜與其混養。

【活動區域】上、中、下層水域。

【特殊要求】魚缸應在 140 公分以上。缸中不宜種植水草，不要鋪底砂，水族箱須加蓋。

336. 青龍 *Scleropages jardini*

【別名】青金龍。

【特徵】魚體呈銀灰色而略帶綠色的色調，各鰭在幼魚時期略帶黃色，隨著成長，各鰭的黃色均會消失呈暗灰帶點淺綠色，而胸鰭與腹鰭的鰭尖為金黃色，後三鰭（尾鰭、臀鰭、背鰭）棘骨較多，鰭膜黑色斑紋亦較多。體型較短小，側線特別顯露。其中以鱗片帶有紫色的最為名貴。

【身長】60～80 公分。

【原產地】東南亞的馬來西亞、泰國、越南、緬甸一帶。

【雌雄區別】雄魚腹鰭尖長；雌魚性成熟時腹部較膨脹。

【飼養難度】容易飼養。

【食性】肉食性，成魚喜食水生昆蟲、孔雀魚幼魚、麵包蟲、蟑螂、小蝦等。

【繁殖方法】口孵魚，需較大水體。雄魚把魚卵含在口中，直到孵化完成。當幼魚孵化出後會聚集在雄魚附近，夜晚雄魚張口，把全部幼魚含在口中，通常這種口孵和保護幼魚的工作由雄魚完成。

【繁殖能力】困難，每對親魚每次產卵 40～300 粒。

【pH】6.5～7.5。

【硬度】3～12。

【水溫】24～28℃。

【放養形式】有攻擊其他小魚習性，小型熱帶魚不宜與其混養。

【活動區域】上、中、下層水域。

【特殊要求】魚缸尺寸長度應在 140 公分以上。缸中不宜種植水草，不要鋪底砂，水族箱須加蓋。

337. 澳洲星點龍　*Scleropages Leichardti*

【別名】紅神龍。

【特徵】體型較小，幼魚極為美麗，體色呈銀色而帶有淺黃綠的色調，兩側有紅色的星狀斑點，臀鰭、背鰭、尾鰭均有金黃色的星點斑紋且略帶有黑邊，成魚體色為銀色中帶美麗的黃色，背鰭為橄欖青，腹部有銀色光澤，各鰭都帶有黑邊。鱗片為銀綠色帶黃色。

【身長】30～50 公分。

【原產地】澳洲東部。

【雌雄區別】雄魚腹鰭尖長；雌魚性成熟時腹部較膨脹。

【飼養難度】容易飼養。

【食性】肉食性，成魚喜食水生昆蟲、孔雀魚幼魚、麵包蟲、蟑螂、小蝦等。

【繁殖方法】口孵魚，需大水體。雄魚把魚卵含在口中，直到孵化完成。當幼魚孵出後會聚集在雄魚附近，夜晚雄魚張口，把全部幼魚含在口中，通常這種口孵和保護幼魚的工作由雄魚完成。

【繁殖能力】一般，每對親魚每次產卵 50～200 粒。

【pH】6.5～7.5。

【硬度】3～12 。

【水溫】22～28℃。

【放養形式】性情兇暴，易打架，能咬傷比它大許多的龍魚，不宜混養。

【活動區域】上、中、下層水域。

【特殊要求】缸中不宜種植水草，水族箱須加蓋。

338. 紅龍　*Scleropages Formosus*

【別名】紅金龍吐珠、旺家魚。

【特徵】紅龍幼魚時期魚鰭呈淡淡的金綠色，鱗片邊緣略帶粉紅色，嘴部則為淺紅色。成魚時，魚體成金黃色，鱗片邊緣則帶有金紅色的鱗框，嘴部及鰓蓋均帶有特別的深紅色的斑紋，各鰭均呈深紅色。各部位的鰭與鱗框的顏色可分為橘色、粉紅色、深紅色、血紅色，全身閃閃發光，展現出特有的魅力。紅龍身上的色彩通常快則一年，慢則十年便會完全顯現，一般時間為4～5年。一般情況下，龍魚的色彩是漸次地先由黃轉為橙，再從橙轉為淺紅，到了最後才轉為深紅色。現在廣為人知的超級紅龍品種有三類，常見的叫法是一號紅龍、一號半紅龍、二號紅龍，還可分為「辣椒紅龍」「血紅龍」「咖啡紅龍」及「黃金紅龍」等。

【身長】60～70公分。

【原產地】印尼的蘇門答臘和加里曼丹一帶。

【雌雄區別】雄魚腹鰭尖長；雌魚性成熟時腹部較膨脹。

【飼養難度】容易飼養。

【食性】肉食性，以活魚、活蝦和水蚯蚓等動物性活餌料為主。

【繁殖方法】口孵魚，需大水體。雄魚把魚卵含在口中，直到孵化完成。當幼魚孵出後會聚集在雄魚附近，夜晚雄魚張口，把全部幼魚含在口中，來完成這種口孵和保護幼魚的工作。

【繁殖能力】極困難，每對親魚每次產卵 40～150 粒。

【pH】6.5～7.5。

【硬度】3～12 。

【水溫】24～28℃。

【放養形式】有攻擊其他小魚習性，小型熱帶魚不宜與其混養。

【活動區域】上、中、下層水域。

【特殊要求】魚缸尺寸長度應在 140 公分以上。缸中不宜種植水草，不要鋪底砂，水族箱須加蓋。

同類的品種還有黃尾龍、白金龍、非洲龍魚等。

339. 象魚　*Arapima gigas*

【別名】巨骨舌魚、海象、紅魚。

【特徵】體色為黑色，呈圓胖型，粗鱗，頭似虎頭，堅硬無比，幼魚時，身體呈墨綠色，尾鰭黑色，長大後，鱗片會有紅色鱗框，此魚無鬍鬚。

【身長】最大可長至 5 公尺。

【原產地】南美洲亞馬遜河流域，南美、巴西、哥倫比亞一帶。

【雌雄區別】雄魚腹鰭尖長；雌魚性成熟時腹部較膨

脹。

【飼養難度】困難。

【食性】肉食性，以活魚、活蝦和水蚯蚓等動物性活
餌料為主。

【繁殖方法】尚未有人工繁殖的記錄。

【繁殖能力】極困難，4～5歲時即可產卵，數量可達
180000粒。

【pH】6.5～7.5。

【硬度】3～12。

【水溫】22～28℃。

【放養形式】具有極強的攻擊性，不宜混養。

【活動區域】上、中、下層水域。

【特殊要求】象魚無法養在水族箱裏，只能飼養在大
水池中。

> 駝背魚科（弓背魚科）
> Notoperidae（featherbacks, knifefishes）

340. 弓背魚　*Notopterus chitala*

【別名】七星飛刀魚，印第安刀魚，東洋刀魚，花刀
魚。

【特徵】體呈長刀形，側扁，尾鰭呈尖形，七星刀魚
體呈銀灰色，由鰓蓋後方至尾部有好幾個鑲白邊的黑色圓
紋，斑點的排列每尾魚不同，數目也不同。幼魚沒有斑
點，只有10～15條淡淡的斜紋呈現在魚體上，成魚後才變
成圓形的斑點，並且頭部背後突出隆起。

【身長】80～100公分。

【原產地】泰國，緬甸，印度。

【雌雄區別】性成熟的雌魚腹部比雄魚膨脹。

【飼養難度】容易飼養。

【食性】雜食性，喜歡吃動物性餌料。

【繁殖方法】卵生，親魚將卵產在石塊或木塊上。產卵後留下雄魚看護魚卵。受精卵7天左右孵化。

【繁殖能力】比較困難，每對親魚每次產卵5000～10000粒。

【pH】6.5～7.0。

【硬度】3～12。

【水溫】22～28℃。

【放養形式】性溫和，可與同型魚混養，但會吃小魚，不可與其他小型魚混養。

【活動區域】下層水域。

【特殊要求】水族箱中只注入半箱水，多加水草，並加蓋。

二、熱帶海水觀賞魚

鱸形目 Perciformes

蝴蝶魚科 Chaetodontidae（butterflyfishes）

341. 人字蝶魚 *Chaetodon auriga*

【別名】絲蝴蝶魚，蝴蝶魚，揚帆蝶魚。

【特徵】體呈橢圓形，側扁，尾呈三角形，頭部小，嘴尖，背鰭條軟而長，幾乎超過尾鰭，體表的斜紋排列似人字形而得名。

【身長】12～18 公分。

【原產地】印度洋及太平洋海域。

【飼養難度】中等。

【食性】雜食性，餌料以浮游生物及藻類為主，亦食小魚、小蝦及人工餌料。

【海水相對密度】1.022。

【pH】8.1～8.4。

【硬度】7～9。

【水溫】24～27℃。

【放養形式】宜與小型魚類混養。

【活動區域】中、下層水域。

【特殊要求】應盡可能使用舊水，不可全部換新水。

342. 法國蝶　*Chaetodon bennetti*

【別名】絲蝴蝶魚。

【特徵】體鮮黃色，體側上部有 1 鑲白邊的圓形黑紋，有 2 條始於鰓蓋上部的弧形白色線條，頭部有 1 鑲白邊的黑紋貫穿眼睛。

【身長】12～18 公分。

【原產地】印度洋珊瑚礁群島海域。

【飼養難度】中等。

【食性】雜食性，餌料以浮游生物及藻類為主，亦食小魚、小蝦及人工餌料。

【海水相對密度】1.022。

【pH】8.1～8.4。

【硬度】7～9。

【水溫】24～27℃。

【放養形式】宜與小型魚類混養。

【活動區域】中、下層水域。

【特殊要求】盡可能用舊水，不可全部換新水。

343. 月眉蝶魚　*Chaetodon lunula*

【別名】新月蝴蝶魚。

【特徵】頭部有 1 條黑色的眼帶，上面緊連著白色的斑紋，體兩側各有兩處鑲有黃邊的黑帶斑。

【身長】13～16 公分。

【原產地】印度洋及太平洋礁岩海域。

【飼養難度】中等。

【食性】雜食性，餌料以浮游生物及藻類、甲殼類、水蚯蚓為主，亦可投餵人工配合餌料。

【海水相對密度】1.022。

【pH】8.1～8.4。

【硬度】7～9。

【水溫】24～27℃。

【放養形式】宜與小型魚類混養。

【活動區域】中、下層水域。

【特殊要求】應盡可能使用舊水，不可全部換新水。

344. 虎皮蝶魚　*Chaetodon punctatofasciatus*

【特徵】體呈橢圓形，側扁，體表有虎皮般的點紋和條紋，尾柄橙紅色，為直條紋。

【身長】11～13 公分。

【原產地】太平洋西部礁岩海域。

【飼養難度】中等。

【食性】雜食性，餌料以浮游生物及藻類為主，亦食小魚、小蝦及人工餌料。

【海水相對密度】1.022。

【pH】8.1～8.4。

【硬度】7～9。

【水溫】24～27℃。

【放養形式】宜與小型魚類混養。

【活動區域】中、下層水域。

【特殊要求】盡可能使用舊水，不可全部換新水。

345. 黃火箭魚　*Forcipiger flavissimus*

【特徵】體近似方形，側扁，體鮮黃色，從眼中間開始，頭上部黑色，下部白色。臀鰭後有 1 小黑點。

【身長】18～21 公分。

【原產地】印度洋及太平洋礁岩海域。

【飼養難度】中等。

【食性】雜食性，餌料為動物性活餌、藻類、甲殼類以及人工配合餌料。

【海水相對密度】1.022。

【pH】8.1～8.4。

【硬度】7～9。

【水溫】24～27℃。

【放養形式】宜與小型魚類混養。

【活動區域】中、下層水域。

【特殊要求】應盡可能使用舊水，不可全部換新水。

346. 黑白關刀魚　*Heniochus acuminatus*

【別名】馬夫魚，白吻雙帶立旗魚。

【特徵】背鰭在本屬中最長，如細帶般向上延伸。體表有黑白相間的條紋。

【身長】14～16公分。

【原產地】印度洋及太平洋礁岩海域。

【飼養難度】中等。

【食性】雜食性，餌料為浮游生物、藻類、紅蟲、甲殼類及人工配合餌料。

【海水相對密度】1.022。

【pH】8.1～8.4。

【硬度】7～9。

【水溫】24～27℃。

【放養形式】宜與小型魚類混養。

【活動區域】中、下層水域。

【特殊要求】盡可能使用舊水，不可全換新水。

刺蓋魚科（棘蝶魚科、海水神仙魚）
Pomacanthidae（angelfishes）

347. 藍環神仙魚　*Pomacanthus annularis*

【別名】肩環刺蓋魚，藍圈神仙魚，花臉神仙魚。

【特徵】體黃褐色，背鰭前基部至胸鰭間有 1 藍色圓環，體側有多條斜向後上方的藍色縱斜帶，臀鰭有 3 條弧形藍紋。尾鰭白色。幼魚體藍色底鑲以放射狀的白線。

【身長】21～26 公分。

【原產地】印度洋珊瑚礁海域。

【飼養難度】中等。

【食性】雜食性，可餵以動物性，植物性餌料以及人工飼料。

【海水相對密度】1.022。

【pH】8.1～8.4。

【硬度】7～9。

【水溫】24～27℃。

【放養形式】宜與小型魚類混養。

【活動區域】中、下層水域。

【特殊要求】需水量 250 立方公尺以上的水族箱。

348. 大西洋神仙魚　*Pomacanthus arcuatus*

【別名】弓紋刺蓋魚。

【特徵】體呈橢圓形，側扁，尾呈三角形，體灰棕色，佈滿褐色斑點，近似海底的沙土。幼魚似法國神仙魚。

【身長】33～38 公分。

【原產地】大西洋珊瑚礁海域。

【飼養難度】中等。

【食性】雜食性，可餵以無脊椎動物性，藻類餌料以及人工飼料。

【海水相對密度】1.022。

【pH】8.1～8.4。

【硬度】7～9。

【水溫】24～27℃。

【放養形式】宜與小型魚類混養。

【活動區域】中、下層水域。

【特殊要求】水量 400 立方公尺以上的水族箱。

349. 國王神仙　*Holacanthus passer*

【特徵】體呈橢圓形，側扁，尾扇形，頭部呈三角形，嘴為黃色，鰓前有一長兩短共 3 條藍條紋，鰓後有 1 條白色橫紋置於體側。

　　魚體呈淡咖啡色，白色橫紋後排列數條藍色條紋。各鰓均布有藍色花紋，圍於鰭的邊緣，尾鰭為黃色。

【身長】19～22 公分。

【原產地】太平洋東部礁岩海域。

【飼養難度】中等。

【食性】雜食性，餌料為動物性活餌、冷凍肉品、藻類以及人工配合餌料。

【海水相對密度】1.022。

【pH】8.1～8.4。

【硬度】7～9。

【水溫】24～27℃。

【放養形式】宜與小型魚類混養。

【活動區域】中、下層水域。

【特殊要求】水量250立方公尺以上的水族箱。

350. 皇后神仙魚　*Pomacanthus imperator*

【別名】主刺蓋魚。

【特徵】體呈橢圓形，側扁，尾呈扇形，頭部為三角形，眼部有1條黑色帶紋。

胸鰭前有一條鮮黃色三角形帶紋，延伸至背鰭，與魚體相連，胸鰭為藍色，胸鰭前有藍色寬條紋橫於鰓後。體為黃色，有數十條藍色條紋橫於體表。背鰭與尾鰭均為黃色。

【身長】35～41公分。

【原產地】印度洋、大西洋和紅海太平洋珊瑚礁海域。

【飼養難度】中等。

【食性】雜食性，餌料為動物性活餌、冷凍肉品、藻類以及人工配合餌料。

【海水相對密度】1.022。

【pH】8.1～8.4。

【硬度】7～9。

【水溫】24～27℃。

【放養形式】宜與小型魚類混養。

【活動區域】中、下層水域。

【特殊要求】水量400立方米以上的水族箱。

351. 法國神仙魚　*Holacanthus paru*

【特徵】體呈橢圓形，側扁，成魚體灰黑色，佈滿亮黃色弧線狀小斑點。幼魚身上具 5 條明顯的黃色條紋，隨著生長而消失。

【身長】38～41 公分。

【原產地】大西洋西部海域。

【飼養難度】中等。

【食性】雜食性，可餵以動物性，植物性餌料以及人工飼料。

【海水相對密度】1.022。

【pH】8.1～8.4。

【硬度】7～9。

【水溫】24～27℃。

【放養形式】宜與小型魚類混養。

【活動區域】中、下層水域。

【特殊要求】水量 400 立方米以上的水族箱。

352. 半月神仙魚　*Holacanthus maculosus*

【別名】半環刺蓋魚。

【特徵】幼魚體色為深藍色，並且帶有白色圓弧線條，最明顯的特徵為背部往腹部延伸的半月狀斑紋。成魚為藍紫色，月斑與尾鰭呈鮮豔的黃色，人工繁殖尾鰭顏色比較偏乳黃色。背鰭與臀鰭會往後延長。

【身長】42～48 公分。

【原產地】紅海、波斯灣、印度洋等珊瑚礁海域。

【飼養難度】中等。

【食性】雜食性，可餵以無脊椎動物性，藻類餌料以及人工飼料。

【海水相對密度】1.024。

【pH】8.1～8.4。

【硬度】7～9。

【水溫】22～28℃。

【放養形式】成魚具有領域性，需避免與同體型的神仙魚混養。

【活動區域】中、下層水域。

【特殊要求】水量 400 立方公尺以上的水族箱。

353. 女王神仙魚　*Holacanthus ciliaris*

【特徵】體呈橢圓形，側扁，尾呈三角形，體閃爍藍綠和橙黃色的珍珠斑光彩，隨著光線的角度不斷變化，游動時金光閃閃，非常漂亮。

【身長】18～21 公分。

【原產地】太平洋西部珊瑚礁海域。

【飼養難度】中等。

【食性】雜食性，餌料為動物性活餌、藻類、甲殼類以及人工配合餌料。

【海水相對密度】1.022。

【pH】8.1～8.4。

【硬度】7～9。

【水溫】24～27℃。

【放養形式】宜與小型魚類混養。

【活動區域】中、下層水域。

【特殊要求】水量 300 立方公尺以上的水族箱。

354. 皇帝神仙魚　*Pygoplites diacanthus*

【別名】雙棘甲尻魚。

【特徵】幼魚體色為藍色，其上有白色條紋。隨著年齡的增長，白色漸轉為黃色，條紋則變成水平狀波紋。眼部上側綴有淺色邊的藍斑，連同鰓部後側的藍色斑紋而造成視差。尾鰭呈黃色。臀鰭則為藍色。

【身長】29～31 公分。

【原產地】印度洋、太平洋和紅海的珊瑚礁海域。

【飼養難度】中等。

【食性】雜食性，可餵以甲殼類，植物性餌料以及人工飼料。

【海水相對密度】1.022。

【pH】8.1～8.4。

【硬度】7～9。

【水溫】24～27℃。

【放養形式】領地觀念強，不宜與小型魚類混養。

【活動區域】中、下層水域。

【特殊要求】水量 300 立方公尺以上的水族箱。

355. 阿拉伯神仙魚　*Arusetta asfur*

【特徵】幼魚體色為深藍色，較半月神仙黝黑，一樣帶有白色圓弧線條，而半月狀斑紋在背部十分明顯。成魚為藍黑色，與鮮黃色的月斑和尾鰭對比搶眼腹鰭末端和背鰭末端延長成劍狀。

【身長】33～38 公分。

【原產地】印度洋，波斯灣及紅海珊瑚礁海域。

【飼養難度】中等。

【食性】雜食性，可餵以動物性，藻類以及人工飼料。

【海水相對密度】1.022。

【pH】8.1～8.4。

【硬度】7～9。

【水溫】22～28℃。

【放養形式】宜與小型魚類混養。

【活動區域】中、下層水域。

【特殊要求】水量 400 立方公尺以上的水族箱。

356. 馬鞍神仙魚　*Euxiphipops navarchus*

【別名】藍帶神仙魚。

【特徵】幼魚體色為深藍色，較半月神仙黝黑，馬鞍狀斑紋在背部十分明顯斑塊中有藍色圓弧線條。成魚為藍黑色，與鮮黃色的馬鞍狀斑紋和尾鰭對比搶眼。

【身長】23～25 公分。

【原產地】西太平洋珊瑚礁海域。

【飼養難度】中等。

【食性】雜食性，可餵以動物性，植物食物以及人工飼料。

【海水相對密度】1.022。

【pH】8.1～8.4。

【硬度】7～9。

【水溫】22～28℃。

【放養形式】宜與小型魚類混養。

【活動區域】中、下層水域。

【特殊要求】水量 300 立方公尺以上的水族箱。

刺尾魚科 Acanthuridae（surgeon fishes）

357. 黃三角倒吊魚　*Zebrasoma flavescens*

【別名】黃三角刺尾魚。

【特徵】體呈橢圓形，鮮黃色，有的地區品種眼圈為橙色，背鰭和臀鰭較長，嘴較尖，體三角形。游動起來，全身金光閃閃，非常漂亮。

【身長】11～14 公分。

【原產地】太平洋中部及印度洋海域。

【飼養難度】中等。

【食性】雜食性，以浮游生物及藻類為主，也可食人工餌料。

【海水相對密度】1.022。

【pH】8.1～8.4。

【硬度】7～9。

【水溫】22～26℃。

【放養形式】宜與小型魚類混養。

【活動區域】上、中、下層水域。

【特殊要求】水量 400 立方公尺以上的水族箱。

358. 大帆倒吊魚　*Zebrasoma veliferum*

【別名】黃高鰭刺尾魚。

【特徵】體黑褐色，具斑點，其上有多條平行的白斜紋。背鰭和臀鰭特別長，張開如帆，上有深褐色和深黃色相間排列的條紋。尾鰭有黃色的小點。幼魚具有亮黃和黑色線條。

【身長】17～21公分。

【原產地】太平洋中部及印度洋海域。

【飼養難度】中等。

【食性】雜食性，以浮游生物及藻類為主，也可食人工餌料。

【海水相對密度】1.022。

【pH】8.1～8.4。

【硬度】7～9。

【水溫】22～26℃。

【放養形式】宜與小型魚類混養。

【活動區域】上、中、下層水域。

【特殊要求】水量300立方公尺以上的水族箱。

359. 天狗倒吊魚 *Zebrasoma lituratus*

【別名】橙色棘鼻魚。

【特徵】體呈橢圓形，頭背部剖面呈45度角，有馬臉似的花紋。從口角後到眼後緣有黃色條紋。背鰭具黑紋，臀鰭橙黃色。不同規格體色有變化。

【身長】19～22公分。

【原產地】印度洋與太平洋之間的海域。

【飼養難度】中等。

【食性】雜食性，以浮游生物、藻類、人工餌料為食。

【海水相對密度】1.022。

【pH】8.1～8.4。

【硬度】7～9。

【水溫】22～26℃。

【放養形式】宜與小型魚類混養。

【活動區域】上、中、下層水域。

【特殊要求】水量 400 立方公尺以上的水族箱。

雀鯛科 Pomacentridae（Damaselfishes）

360. 紅小丑魚　*Amphiprion nigripes*

【特徵】體紅色偏黃；幼魚有 2～3 條白斑帶，成體僅頭部有 1 白色環紋，並有一圈藍色圍邊。

【身長】9～12 公分。

【原產地】印度洋和太平洋礁岩海域。

【飼養難度】中等。

【食性】雜食性，喜與海葵相生相伴，餌料為藻類、浮游動物及人工配合餌料。

【海水相對密度】1.022。

【pH】8.1～8.4。

【硬度】7～9。

【水溫】22～26℃。

【放養形式】宜與小型魚類混養。

【活動區域】上、中、下層水域。

【特殊要求】海水養殖時不需經常換水。

　　其他經常養殖的熱帶海水魚還有狐狸倒吊（361）、粉紅小丑魚（362）、三間蝶魚（363）、木瓜魚（364）、霞蝶（365）、金邊透紅小丑魚（366）、磕頭燕子（367）、海馬（368）、狗頭（369）、橙尾炮彈（370）、刀片魚（371）、黃肚藍魔鬼魚、孔雀雀鯛、黃鰭雀鯛、黃尾雀鯛、三線雀鯛、花面雀魚、青蛙魚、海龍、短鰭蓑鮋、小丑炮彈魚、黃紋炮彈魚、女王炮彈魚、鴛鴦炮彈魚、藍紋炮彈魚、玻璃炮彈魚、藍面炮彈魚、牛角魚、紫倒吊、雞心倒吊魚、黑花倒吊魚、粉藍倒吊魚、紋倒吊魚、長倒吊魚、肩章倒吊魚、一字倒吊魚、黃倒吊魚、斑馬倒吊、藍倒吊魚、藍絲絨魚、六間神仙魚、藍面神仙魚、藍嘴新娘魚、紫神仙魚、麒麟神仙魚、石美人魚、黃金神仙魚、黃新娘、黃肚新娘、澳洲神仙魚、金蝴蝶魚、黃斑神仙魚、黃尾神仙魚、藍紋神仙、網蝶魚、澳洲彩虹蝶魚、咖啡蝶魚、天皇蝶魚、黑蝴蝶魚、波斯蝶魚、四眼蝶、胡麻蝶魚、紅尾朱砂蝶、月光蝶、黑斜蝶魚、美國紅尾蝶魚、黑斜紋蝶魚、澳洲珍珠蝶魚、公子小丑魚、黑邊公子小丑魚、銀背小丑魚、黑雙帶小丑魚、銀線小丑魚、黑公子小丑魚、二帶雙鋸魚、雙帶小丑魚等。

第五章
熱帶魚的造景

一、庇　護

　　這是一幅模擬南美洲亞馬遜自然流域的造景圖。採自巴西的沉木設計成一棵參天大樹，而在樹旁來回游動的燈魚則是弱者的化身。

　　他們在河流中嬉戲玩耍，一遇到風吹草動就躲在大樹底下尋求庇護（景1，見彩色圖譜）。

二、靜　謐

　　這是一幅靜謐的夜景圖。造景師採用黑色的底板作為背景，兩塊巨石既似村落，又似遠處的大山，紅綠的水草挺立，猶如森林，來回游動的熱帶魚好似自然界的小精靈，一切顯得如此安詳、靜謐（景2）。

三、穿　梭

　　這是一幅海底世界圖，密佈的水草，稀疏的石材，眾

多的游魚在此間來回穿梭，好一派繁忙景象（景3）。

四、高處不勝寒

蘇東坡的「高處不勝寒，起舞弄清影」千古流芳，幾塊嶙峋的巨石象徵著高高的山巒，而圍繞山間巡游的魚兒正是起舞的鳥兒，他們只能在山腰間盤旋，無法享受「高處不勝寒」的意境（景4）。

五、吊秋千

一根藤蔓悠悠地伸展過來，就好像樹梢上的秋千，而珍珠馬甲一尾在上，一尾在下，就好像兩隻在樹梢上玩耍的猴子，一切都是那麼傳神（景5）。

六、對臺戲

這是一幅相當對稱、均衡的造景圖，左右兩側分別用兩株巨大的紅蛋葉作為主景草，好像正在唱戲的戲班子，而燈魚和神仙魚明顯分為兩隊，一對前往左側湊熱鬧，另一隊則在右側捧場（景6）。

七、頂天立地

造景師用兩塊沉木搭成「人」字形，再用碧綠的鹿角苔來昭示生命。這個有生命的「人」上端接近水面（好似

頂天），下端則植根於底砂中（猶如立地），象徵一個頂天立地的男子漢（景7）。

八、夫妻雙雙把家還

精緻的門樓，門前一塊塊綠化的草坪，旁邊還有蘺芭牆圍成的花園……你看那燕子魚成雙成對地往家趕，好像家中來了貴客，哦，原來那邊來了一對紅劍魚和一對藍孔雀，他們可是遠在他鄉的姑娘和姑爺回家串門呢（景8）。

九、龜山新景

「龜蛇鎖大江」是武漢的一大景觀，本景正是按照長江天塹而營造的，唯一不同的是，龜山的景觀已經有了很大的改變，兩隻千年老友——神龜正俯視在山嶺上，感嘆新世界的改變（景9）。

十、過　橋

溪水清清阻斷路，小橋橫跨鋪坦途，整齊排隊排前方，水族造景立意殊（景10）。

十一、濠梁觀魚

莊子與惠子遊於濠梁之上。莊子曰：「有魚出遊從容，是魚之樂也。」

惠子曰：「子非魚，安知魚之樂？」

莊子曰：「子非我，安知我不知魚之樂？」

惠子曰：「我非子，固不知子矣；子固非魚矣，子之不知魚之樂，全矣。」

小橋上的兩位老人就是莊子與惠子，他們正在觀賞上面的遊魚，並作出富有哲理性的爭論（景11）。

十二、綠意盎然

綠色的水草、綠色的燈魚、綠色的背景，一切都昭示了春天的綠意（景12）。

十三、群魚鬧春

春天到了，一切都是綠的世界；春天到了，魚兒到處嬉戲（景13）。

十四、讓開大道，佔領兩廂

水族箱中間有一條用細砂石鋪成的砂石小路，而兩側則由巨石及水草渾然天成地分為道路的兩旁，所有的游魚都在兩邊嬉戲，這種置景格局，讓人想起了毛澤東當年要求東北野戰軍對待東北政局時的態度：「讓開大道，佔領兩廂。」（景14）。

十五、三國演義

由整幅畫面，可以看出水草紅的不紅、綠的不綠，顯出一種肅殺的氛圍，而紅劍等魚上上下下不停地游動，好似三足鼎立前的群雄混戰。而三塊石頭則暗示著魏、蜀、吳三國，石頭上的兩人則是當年的劉皇叔劉備和孔明先生諸葛亮，在隆中的小屋裏，在談笑風生之間，已經「三分天下，縱論江湖」了。（景15）。

十六、山雨欲來風滿樓

水族箱中從左到右是由明亮到昏暗的燈光組合，暗示著烏雲壓來，由魚兒幻化的小鳥一起向前方飛奔，在水流的作用下，由各種挺水植物幻化的大樹向左側不停地搖擺，這是大雨來臨前的呼嘯。（景16）。

十七、偷著樂

閑來無事偷著樂，是南方農家人的一種自娛方式，整個畫面採用簡單的白描手法，由兩塊不同的石頭及不同的水草搭配勾勒出了不同的土地，而各種高低不同、色彩迥異的水草則代表了高粱、水稻等不同的農作物，這些農作物在田地裏你追我趕地競相生長之時，正是農民農閑之際，這位老農在自家門前擺好了龍門陣，一個人在擺著棋譜偷著樂呢（景17）。

十八、望 鄉

左側是茂密的水草，好似中國大陸，地大物博，人傑地靈。右側好似偏隅一角的臺灣，連接大陸與臺灣的是由沉木幻化的連心橋，身在臺灣的親人，一直凝望著家鄉（景18）。

十九、仙子下凡

水草和巨石組成了一個凡間塵世的景觀，那些從天而降的花神仙、黑神仙無疑是披花衣、著黑衫的九天仙女，她們嚮往人世間的溫情，紛紛從仙界下到凡間，品味凡塵的款款溫馨（景19）。

二十、嚮 往

前景用矮珍珠設計成奔向美好家園的大道，中景和背景則用各種富有生命力和想像力的水草設計出一幅美好家園的景象，這是一個令人嚮往的家園（景20）。

二十一、燕子回歸

「小燕子，向南飛，每年春天來這裏，我問燕子為啥來？燕子說，這裏的春天最美麗。」稚聲稚語的童謠唱出了燕子回歸的原因是這裏的春天最美麗——山青青、水清

清、草油油、樹綠綠（景 21）。

二十二、考　古

在原始森林中，一塊化石引起了考古科學家（燕子魚幻化而成）的注意力，經過仔細考察，哦，原來這是一顆價值連城的恐龍蛋（景 22）。

二十三、相　聚

長期分居兩地的情人終於相聚，瞧，他們正緊緊地握手相擁呢！造景師將沉木設置成一對分居的情侶，一旦相聚，眾多的親人和朋友們都在不停地跳舞祝福他們的相聚呢（景 23）。

二十四、魚戲蓮葉間

「魚戲蓮葉東，魚戲蓮葉西，魚戲蓮葉南，魚戲蓮葉北……」一株株水草就像破水而出的荷葉，那些魚兒正不停地在蓮葉間嬉戲玩耍呢（景 24）。

二十五、寶塔鎮河妖

「天王蓋地虎，寶塔鎮河妖」。這是當年楊子榮上山時面對匪徒盤問時的一個經典黑話，用於此景最恰當不過了。古有河妖會興風作浪，只有寶塔方能鎮住，故此景用

別致的寶塔設在小橋上，用來鎮住河妖，確保一方平安（景25）。

二十六、賣油郎獨佔花魁

《三言二拍》中有一個故事就是「賣油郎獨佔花魁」，不信你瞧，那絢麗奪目的花朵不就是當年的花魁王美兒嗎？依偎在花魁溫柔鄉里的小夥子不正是那個「抱得美人歸」的窮小子賣油郎嗎（景26）。

二十七、花團錦簇

人生如畫，人生如花。這幅景觀用盛開的海葵比做怒放的鮮花，用灰三角倒吊來襯托這幅美麗的畫卷（景27）。

魚圖 1　孔雀魚

魚圖 2　紅眼白子草尾

魚圖 3　藍草尾

魚圖 4　佛朗明哥白子

魚圖 5　噴點黃尾禮服

魚圖 6　紅尾禮服

魚圖 7　劍尾魚

魚圖 8　日光劍

魚圖 9　美杜沙雙劍

魚圖 10　紅　劍

魚圖 11　斑劍尾魚

魚圖 12　珠帆瑪麗魚

魚圖 13　高鰭瑪麗魚

魚圖 14　瑪麗魚

魚圖 15　銀瑪麗

魚圖 16　金瑪麗魚

魚圖 17　紅瑪麗

魚圖 18　黑瑪麗

魚圖 19　紅茶壺

魚圖 20　金茶壺

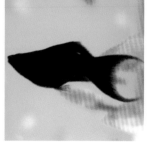

魚圖 21　黑茶壺

魚圖 22　大帆金鴛鴦

魚圖 23　紅尾金月魚

魚圖 24　三色魚

魚圖 25　月　魚

魚圖 26　蚊　魚

魚圖 27　黃金鱂

魚圖 28　潛水艇

魚圖 29　紅尾圓鱂

魚圖 30　台灣青鱂

魚圖 31　日本青鱂

魚圖 32　女王鱂

魚圖 33　閃電青鱂

魚圖 34　愛琴魚

魚圖 35　羅氏琴尾魚

魚圖 36　藍色三叉尾魚

魚圖 37　豎琴尾魚

魚圖 38　條紋琴龍魚

魚圖 39　針嘴魚

魚圖 40　皮頜鱵魚

魚圖 41　澳洲彩虹魚

魚圖 42　紅蘋果美人

魚圖 43　石美人

魚圖 44　藍美人

魚圖 45　電光美人

魚圖 46　紅美人

魚圖 47　邏羅鬥魚

魚圖 48　印尼鬥魚

魚圖 49　中國鬥魚

魚圖 50　三斑鬥魚

魚圖 51　梳尾魚

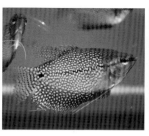

魚圖 52　珍珠馬甲魚

魚圖 53　藍星魚

魚圖 54　蛇紋馬甲魚

魚圖 55　銀馬甲魚

魚圖 56　迷你馬甲魚

魚圖 57　三星曼龍魚

魚圖 58　發聲馬甲魚

魚圖 59　青萬龍

魚圖 60　麗麗魚

魚圖 61　電光麗麗

魚圖 62　紅麗麗魚

魚圖 63　厚唇麗麗魚

魚圖 64　珍珠小麗麗

魚圖 65　黃金麗麗

魚圖 66　厚唇攀鱸

魚圖 67　接吻魚

魚圖 68　飛船魚

魚圖 69　斑點鱸

魚圖 70　安氏鱸

魚圖 71　火口魚

魚圖 72　玫瑰鯛

魚圖 73　金波羅魚

魚圖 74　黑波羅

魚圖 75　九間波羅

魚圖 76　彩色白獅頭　　魚圖 77　花酋長　　　魚圖 78　畫眉魚

魚圖 79　紅魔鬼　　　　魚圖 80　紫紅火口魚　　魚圖 81　珍珠火口

魚圖 82　德州豹　　　　魚圖 83　金錢豹　　　　魚圖 84　藍火口魚

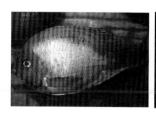

魚圖 85　血鸚鵡　　　　魚圖 86　眼斑鯛　　　　魚圖 87　孔雀龍魚

魚圖 88　橘子魚

魚圖 89　馬鞍翅魚

魚圖 90　七彩短鯛

魚圖 91　藍珍珠可卡西

魚圖 92　女王短鯛

魚圖 93　藍　袖

魚圖 94　雄貓短鯛

魚圖 95　七彩鳳凰魚

魚圖 96　玻利維亞鳳凰

魚圖 97　棋盤鳳凰

魚圖 98　酋長短鯛

魚圖 99　鳳尾短鯛

魚圖 100　非洲王子魚

魚圖 101　非洲國王

魚圖 102　雪　鯛

魚圖 103　花　雕

魚圖 104　彩虹鯛

魚圖 105　藍帝提燈

魚圖 106　神仙魚

魚圖 107　埃及神仙

魚圖 108　黑神仙魚

魚圖 109　大理石神仙

魚圖 110　五彩神仙魚

魚圖 111　七彩神仙魚

魚圖 112　豬仔魚

魚圖 113　三角鯛

魚圖 114　棋盤鯛

魚圖 115　皇冠棋盤鯛

魚圖 116　西洋棋盤鯛

魚圖 117　非洲鳳凰

魚圖 118　阿里魚

魚圖 119　長尾阿里

魚圖 120　藍眼白金阿里

魚圖 121　藍王子

魚圖 122　紫水晶

魚圖 123　七彩天使

魚圖 124　藍天使

魚圖 125　太陽神魚

魚圖 126　酷斯拉

魚圖 127　紫紅六間

魚圖 128　皇帝魚

魚圖 129　孔雀石鯛

魚圖 130　流星鯛

魚圖 131　帝王艷紅魚

魚圖 132　維納斯魚

魚圖 133　血艷紅魚

魚圖 134　馬面魚

魚圖 135　紅馬面

魚圖 136　白金馬面

魚圖 137　閃電王子魚

魚圖 138　黃金閃電

魚圖 139　黃金七間

魚圖 140　紅翅白馬王子

魚圖 141　彩色玫瑰

魚圖 142　雪中紅

魚圖 143　斑馬雀魚

魚圖 144　黃金蝴蝶

魚圖 145　七彩仙子

魚圖 146　藍茉莉魚

魚圖 147　花小丑魚

魚圖 148　藍小丑

魚圖 149　藍波魚

魚圖 150　皇冠六間魚

魚圖 151　紅六間

魚圖 152　黃線鯛

魚圖 153　藍劍劍鯊魚

魚圖 154　藍翼藍珍珠魚

魚圖 155　珍珠雀魚

魚圖 156　五間半魚

魚圖 157　黃天堂鳥魚

魚圖 158　藍九間

魚圖 159　女王燕尾魚

魚圖 160　白金燕尾魚

魚圖 161　黃金燕尾魚

魚圖 162　非洲十間

魚圖 163　紅肚鳳凰魚

魚圖 164　藍玉鳳凰

魚圖 165　翡翠鳳凰魚

魚圖 166　茅利維

魚圖 167　藍肚鳳凰魚

魚圖 168　紅寶石魚

魚圖 169　血紅鑽石

魚圖 170　五星上將魚

魚圖 171　獅頭魚

魚圖 172　藍面蝴蝶魚

魚圖 173　珍珠蝴蝶

魚圖 174　火狐狸魚

魚圖 175　白金蝴蝶

魚圖 176　雙星蝴蝶

魚圖 177　牛頭鯛

魚圖 178　藍寶石魚

魚圖 179　和　尚

魚圖 180　禿頂鯛

魚圖 181　紅尾皇冠魚

魚圖 182　黑鰭鯛

魚圖 183　埃及艷后魚

魚圖 184　枯葉魚

魚圖 185　泰國虎魚

魚圖 186　泰國細紋虎魚

魚圖 187　高射炮魚

魚圖 188　金　鯧

魚圖 189　銀　鯧

魚圖 190　蜜蜂魚

魚圖 191　綠河魨

魚圖 192　南美魨

魚圖 193　玻璃鯰

魚圖 194　黑斑花紋鼠魚

魚圖 195　皇冠鼠魚

魚圖 196　虎皮鼠魚

魚圖 197　彩色鼠

魚圖 198　花鼠魚

魚圖 199　白　鼠

魚圖 200　熊貓鼠

魚圖 201　彎弓鼠魚

魚圖 202　網紋鼠魚

魚圖 203　咖啡鼠

魚圖 204　鐵甲鯰

魚圖 205　琵琶鼠魚

魚圖 206　黃金琵琶

魚圖 207　大帆皇冠琵琶鼠

魚圖 208　紅尾鯰

魚圖 209　鱷身鯰

魚圖 210　虎　鯰

385

魚圖 211　耳斑鯰

魚圖 212　隆頭鯰

魚圖 213　吸石魚

魚圖 214　黃金大帆女王
　　　　　琵琶

魚圖 215　向天鼠魚

魚圖 216　仙女鯰

魚圖 217　大帆滿天星

魚圖 218　黃帶雙鬚鯰

魚圖 219　斧頭鯊

魚圖 220　棘甲鯰

魚圖 221　貓嘴鯰

魚圖 222　長鬚雙鰭鯰

魚圖 223　弓背鯰

魚圖 224　豹斑脂鯰

魚圖 225　霓虹燈魚

魚圖 226　黑蓮燈魚

魚圖 227　紅裙魚

魚圖 228　檸檬燈魚

魚圖 229　新大鈎扯旗魚

魚圖 230　紅扯旗魚

魚圖 231　紅　旗

魚圖 232　黑線燈魚

魚圖 233　紅眼黃金燈

魚圖 234　紅印魚

魚圖 235　頭尾燈魚

魚圖 236　紅線光管魚

魚圖 237　紅燈管

魚圖 238　黑十字魚

魚圖 239　紅十字魚

魚圖 240　黃金燈魚

魚圖 241　紅鼻剪刀魚

魚圖 242　銀屏魚

魚圖 243　鑽石燈

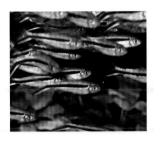

魚圖 244　拐棍魚

魚圖 245　黑裙魚

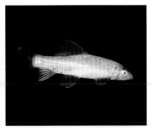

魚圖 246　紅翅魚

魚圖 247　火兔燈

魚圖 248　焰尾燈

魚圖 249　長石斧魚

魚圖 250　玻璃扯旗魚

魚圖 251　紅尾玻璃魚

魚圖 252　剛果扯旗魚

魚圖 253　黑旗魚

魚圖 254　紅衣夢幻旗

魚圖 255　新紅蓮燈魚

魚圖 256　日光燈魚

魚圖 257　食人鯧

魚圖 258　紅食人鯧

魚圖 259　銀板魚

魚圖 260　紅銀板

魚圖 261　黑脂鯧

魚圖 262　七彩霓虹魚

魚圖 263　盲　魚

魚圖 264　銀裙魚

魚圖 265　銀圓魚

魚圖 266　潑水魚

魚圖 267　金鉛筆魚

魚圖 268　紅鰭鉛筆魚

魚圖 269　紅肚鉛筆

魚圖 270　大鉛筆魚

魚圖 271　帶紋魚

魚圖 272　陰陽燕子魚

魚圖 273　銀燕魚

魚圖 274　網球魚

魚圖 275　短鼻六間條紋魚

魚圖 276　褐色小丑魚

魚圖 277　銀　鯊

魚圖 278　泰國鯽

魚圖 279　安哥拉鯽

魚圖 280　T字鯽魚

魚圖 281　花丑鯽魚

魚圖 282　七星金條魚

魚圖 283　虎皮魚

魚圖 284　三間小丑燈

魚圖 285　飛狐鯽魚

魚圖 286　黑　鯊

魚圖 287　淡水白鯊

魚圖 288　彩虹鯊

魚圖 289　紅尾黑鯊

魚圖 290　棋盤鯽魚

魚圖 291　櫻桃鯽

魚圖 292　玫瑰鯽魚

魚圖 293　金條魚

魚圖 294　五線鯽魚

魚圖 295　黑斑鯽魚

魚圖 296　斑馬鯽魚

魚圖 297　雙點鯽魚

魚圖 298　金絲魚

魚圖 299　斑馬魚

魚圖 300　珍珠斑馬魚

魚圖 301　豹紋斑馬魚

魚圖 302　閃電斑馬魚

魚圖 303　藍帶斑魚

魚圖 304　藍三角魚

魚圖 305　金線鯽魚

魚圖 306　新一點燈

魚圖 307　大點鯽魚

魚圖 308　剪刀魚

魚圖 309　胭脂魚

魚圖 310　食藻魚

魚圖 311　蛇仔魚

魚圖 312　皇冠泥鰍

魚圖 313　藍鼠魚

魚圖 314　黃間花鯊

魚圖 315　棘　鰍

393

魚圖 316　玻璃魚

魚圖 317　鑽石火箭

魚圖 318　珍珠魟

魚圖 319　淡水魟

魚圖 320　澳洲肺魚

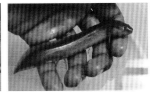

魚圖 321　非洲肺魚（幼魚）

魚圖 322　金恐龍

魚圖 323　象　鼻

魚圖 324　蘆葦魚

魚圖 325　歐洲鱘

魚圖 326　綠　鱘

魚圖 327　匙吻鱘

魚圖 328　鴨嘴鱘

魚圖 329　短嘴鱷魚火箭

魚圖 330　長嘴鱷魚火箭

魚圖 331　弓鰭魚

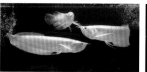

魚圖 332　銀　龍

魚圖 333　黑　龍

魚圖 334　紅尾金龍

魚圖 335　過背金龍

魚圖 336　青　龍

魚圖 337　澳洲星點龍

魚圖 338　紅　龍

魚圖 339　象　魚

魚圖 340　弓背魚

魚圖 341　人字蝶魚

魚圖 342　法國鰈

魚圖 343　月眉蝶魚

魚圖 344　虎皮鰈魚

魚圖 345　黃火箭魚

魚圖 346　黑白關刀魚

魚圖 347　藍環神仙魚

魚圖 348　大西洋神仙魚

魚圖 349　國王神仙

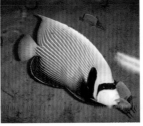

魚圖 350　皇后神仙魚

魚圖 351　法國神仙魚

熱帶魚養殖技法

魚圖 352　半月神仙魚

魚圖 353　女王神仙魚

魚圖 354　皇帝神仙魚

魚圖 355　阿拉拍神仙魚

魚圖 356　馬鞍神仙魚

魚圖 357　黃三角倒吊魚

魚圖 358　大帆倒吊魚

魚圖 359　天狗倒吊魚

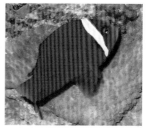

魚圖 360　紅小丑魚

魚圖 361　狐狸倒吊

魚圖 362　粉紅小丑魚

魚圖 363　三間蝶

魚圖 364　木瓜魚

魚圖 365　霞　蝶

魚圖 366　金邊透紅小丑魚

魚圖 367　磕頭燕子

魚圖 368　海　馬

魚圖 369　狗　頭

魚圖 370　橙尾炮彈

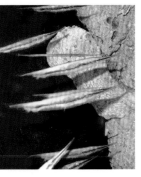

魚圖 371　刀片魚

景1 庇 護

景2 靜 謐

景3 穿 梭

景4 高處不勝寒

景5 吊秋千

景6 對台戲

景7 頂天立地

景8 夫妻雙雙把家還

景9 龜山新景

景10 過 橋

景 11　濠上觀魚

景 12　綠意盎然

景 13　群魚鬧春

景 14　讓開大道，佔領兩廂

景 15　三國演義

景 16　山雨欲來風滿樓

景 17　偷著樂

景 18　望　鄉

景 19　仙子下凡

景 20　嚮　往

400

景 21　燕子回歸

景 22　考　古

景 23　相　聚

景 24　魚戲蓮葉間

景 25　寶塔鎮河妖

景 26　賣油郎獨占花魁

景 27　花團錦簇

大展好書　好書大展
品嘗好書　冠群可期